U0330103

*C. S. Lewis.*

# 魔 鬼 家 书

地 狱 来 鸿

# THE SCREWTAPE
# LETTERS

【英】C.S.路易斯 著 况志琼 李安琴 译

华东师范大学出版社

上海

华东师范大学出版社六点分社　策划

谨以此书纪念C.S.路易斯逝世五十周年。

# 目　　录

# 作　者　序

　　我无意解释现在自己要公之于众的信件是怎么来的。对于魔鬼，我们人类会犯两种错误，错误截然相反而程度不相上下。一种错误是不相信有魔鬼存在，另一种错误是虽然相信有魔鬼，却对魔鬼们抱有一种不健康的过度关注。两种错误都让魔鬼们乐不可支。它们赞赏物质至上主义者，也同样欣赏玄学巫术之人。其实只要掌握了窍门，任何人都可以按着本书的写法如法炮制；不过那些心术不正、小题大做之辈可能会将之误用，因而还是不要仿效我为妙。

　　建议读者们谨记，魔鬼是个骗子。不要以为私酷鬼所言句句是真，哪怕是从魔鬼自己的角度看也不可全信。我无意透露信件中所提及的任何一个人的真实身份；但我认为对这些人的描述不太可能完全公正，史百可神父和病人母亲就是这样的例子。和人间一样，地狱里也有呓语狂言。

最后，我要多说一句，这些信件所写年代并未经过整理。第 17 封信似乎写于口粮配给制严格实行之前①；但一般说来，魔鬼的计时方法似乎并不能与人间时间对号入座，因此，我从未想过要把日期补上。显然，欧洲战争②若不是碰巧时不时地对一个人的属灵状况有所冲击的话，私酷鬼是不会对其历史有丝毫兴趣的。

C.S.路易斯

于牛津大学抹大拉学院③

1941 年 7 月 5 日

---

① 这里是指二战初期英国实行的口粮配给制度。——译注
② 指第二次世界大战。——译注
③ 即 Magdalen College，又译为莫德林学院。——译注

魔鬼若不愿降服在圣经经文之下,那么把他赶走的最佳方法就是嘲笑他、蔑视他,因为他无法忍受被人瞧不起。

——路德①

　　魔鬼……那骄傲的灵……无法忍受嘲讽。

——托马斯·莫尔②

———————

①  即马丁·路德（Martin Luther，1483－1546），新宗教改革发起人，他翻译的圣经是至今为止最重要的德语圣经翻译。——译注

②  托马斯·莫尔（Thomas Moore，1478－1535），英国政治家和作家，代表作品为《乌托邦》。——译注

# 书　　信

# 1

亲爱的瘟木鬼：

　　你说你那位病人的阅读已由你左右，你还有意让他多与他那位物质至上主义的朋友交往，这些我已记录在案。不过，你是不是有点太天真了？你似乎以为通过辩论这法子就能使他脱离仇敌掌心。如果他早活几个世纪，这招或许还管用。那时，人类还能清楚地辨别出一件事情是已经证实，还是有待查考。一经证实，他们就会真信。他们的知与行之间仍旧有联系，仍然会因为一系列思辨所得出的结论去改变自己的生活方式。不过，借助每周报刊和其他类似武器，我们已大大扭转了这种局面。你的病人还是一个小男孩的时候，就已习惯有十几种互不相容的哲学在脑子里乱窜。他不会把各种主义按照是"真"还是"伪"去审度，相反，只会去考虑它们是"学术"还是"实际"，是"过时"还是"现代"，是"保守"还是"前卫"。要让他远离教会，你的最佳搭档是含糊其辞而不是辩论。千万不要浪费时间去竭力使他把物质至上主义当成真理！要让他认为物质至上主义强而有力，或旗帜鲜明，或勇敢无畏——让他把它看成是未来的哲学。这才是他在乎的事情。

辩论的麻烦之处，就在于它把整个斗争都移向仇敌擅长之处。仇敌同样能言善辩，然而，在我推荐的这种真正实用的宣传术上，几个世纪以来，祂一直都远远不及我们在地下的父。你去引发辩论，倒正好提醒病人去思辨。一旦思辨这部分苏醒过来，谁知道会怎样？哪怕有某条思路得以扭转到我们这边，你会发现自己已经让他越来越习惯于把注意力从当下感官体验的急流中抽回，并将心思转移到思考人类共同的那些问题上去，这种习惯可是致命的。你的工作就是要把他的注意力锁定在那感官体验的急流中。教他把那急流称为"现实生活"，却别让他去问自己所说的"现实"是什么意思。

记住,他和你不一样,他不完全是一个灵。你没有当过人(哼,仇敌这一优势真可恶!),你不知道他们多么地受制于日常琐事的压力。我以前有个病人,是一位可靠的无神论者,过去常常在大英博物馆读书。一天,他坐在那儿阅读,我看到他脑子中有一串思绪开始要误入歧途了。当然,仇敌那会儿就在他身边。我还没有反应过来是怎么一回事,就发现自己二十年来的工作成果开始摇摇欲坠。如果我失去理智,开始试图用辩论来防守,那就全完了。但我可没那么傻。我马上旁敲侧击那人最受我控制的部分,暗示他午饭时间快到了。我猜想仇敌反驳说(我们永远不能完全偷听得到祂对他们所讲的话,这点你知道吗?)这比午餐重要多了。至少我认为他一定是这么说的,因为当我说"不错。实际上这太重要了,可不能在快吃午饭的时候来思考"后,这个病人就开始变得快活起来。我后来又加上一句"最好在吃过午饭以后回来,头脑清醒地去思考这个问题。"那个时候,他已经挨近门边了。等他一走到街上,这场仗就打赢了。我引导他去看一个吆喝着卖午报的报童,然后看见73路公交车呼啸而过,他还没走多远,我就已经让他深信,不管一个人在闭门读书时脑子里有什么怪念头,一剂有益健康的"现实生活"(他指的是公交车和报童)就足以向自己表明,所有"那类事情"都不可能是真实的。他知道自己险些中计,于是在随后的几年中,喜欢向别人谈论,说"那种无法言喻的现实感是我们的最佳防护层,可以让我们免受纯逻辑失常之苦"。现在他呆在我们的父家里,非常安全。

你是否开始慢慢看出重点所在了? 在几百年前,我们就在人类心里设定了一些程序;多亏了这些仍旧发挥作用的程序,尽管他们发现了一切,却在所熟悉的事物近在眼前的时候,很难去相信那些不常见的事情。把日常琐事印在他心上,将之进行到底。最重要的是,不要试图用科学(我是指真正的科学)来抵制基督信仰。这些会鼓励他积极思考那些他看不见摸不着的事实。现代物理学家当中就有一些可悲的例子。如果他一定要涉猎科学,那就把他限制在经济学和社会科学里好了,不要让他偏离那无价的"现实生活"。不过,最好能让他一点科学文献不读,就笼统地认为自己什么都懂,要让他把所有那些道听途说和从碰巧读过的文章中所得的知识当成是"现代研究成果"。切记,你的目的就是要把他弄糊涂。要照着你们这些小淘气鬼们的方式去谈,所有人都会以为我们的工作就是教诲教义!

疼爱着你的叔叔

私酷鬼

2

亲爱的瘟木鬼：

你那位病人成了基督徒，我非常生气地记上了一笔。别老是妄想逃脱例行惩罚；真是的，在你脑子还没那么糊涂时，我谅你也不敢动躲避惩罚的念头。与此同时，我们一定要尽力挽回局面。不用绝望，很多皈依信仰的成年人只在仇敌阵营那里逗留一会儿之后就改过自新了，他们现在正站在我们这边。这个病人所有的习惯，无论是思维习惯还是身体习惯，都仍旧对我们有利。

目前，我们重要的伙伴之一，就是教会自己。不要误会。我指的不是我们看到的那个跨越时空、扎根永恒的教会，她威武如展开旌旗的军队①。我们当中最大胆的魔鬼见了这阵势也会觉得心里发慌，这我承认。不过，幸好这景象那些人类根本就看不到。你的病人看到的，不过是在新楼盘上那幢尚未完工的仿哥特式建筑而已。他走进去后，看到附近杂货铺的店主满脸谄媚地迎上前来，塞给他一本油光光的小册子，里面印的是一种他们两个人都不懂的礼

---

① 该句取自圣经《雅歌》6：4。——译注

拜仪式;还塞给他一本破旧的小册子,册子里有很多赞美诗,歌词错漏百出,多半写得不好,而且字也印得很小。他在教堂长椅上坐下后,开始环视四周,看到旁边坐的偏偏是自己一向回避的那种人。你可要多加器重这些坐在他旁边的人。让他的思绪在类似"基督的身体"这样的词语和前排座位上那些活生生的面孔之间游离不定。当然,坐在前排的人真正内涵如何,根本无关紧要。你也许知道这些人当中有一个是仇敌阵营中的大能勇士。没关系。感谢我们在地下的父,你那病人是个傻瓜。他邻座中若有任何一个人唱歌跑调,或靴子吱吱作响,或有双下巴,或穿着古怪,病人就很容易因为这些缘故认为他们的宗教必定有点滑稽可笑。你瞧,在目前阶段,病人脑子里有一种"基督徒"的观念,他以为是属灵的,其实,这观念在很大程度上还附带着插图。他满脑子都是古代罗马人穿的宽大长袍和凉屣,还有盔甲和赤露的腿脚,而教会里的人穿的是现代服装,单这一条就是他一大障碍,当然,他自己是不会意识到这一点的。不要让真相浮出水面,不要容他问自己对他们的外表装束有何期望。现在,就让所有一切在他脑子里保持混乱的状态,等他到了地狱,你尽可以使他具备地狱特别提供的那种洞明,并在整个永恒里以此消遣作乐。

接下来,要在失望或兴致大减上面下足功夫,病人在成为教会一员后的几周里肯定会感到失望。每当人类要开始努力有所成就的时候,都会遭遇这种失望,而仇敌允许这失望滋生。一个男孩在幼儿园里为《奥德赛故事集》而着迷,于是下定决心要开始学希腊文,这时他会失望。相爱的人结了婚,开始学习在生活中相处这一艰巨任务时,他们会失望。在生活的各个领域中,这种失望标志着梦想抱负正朝着艰苦实干过渡。仇敌愿意冒这个险,原因在于祂有一个古怪而不切实际的构想,要用冥顽不化的爱把这伙猥琐可恶的人类造就成祂所谓的"有自由意志的"爱人和仆人——"儿女"是祂用的字眼,祂要和人类这种两条腿的动物有不正常的私通,这简直把整个灵界的脸都丢尽了。祂想让他们得到自由,因此,祂拒绝包办,不会替那些仅有好感和纯粹例行公事的人完成祂设下的任何目标:祂把事情留给他们"亲自去做"。这就是我们的机会所在。但要记住,这也是我们的危险所在。这种最初的枯燥乏味一旦成功度过,他们就不那么依赖于感觉,因此,引诱难度会大很多。

至此,我所写内容都是假设那些坐在前排的人无懈可击,没有为失望提供合理的依据。当然,如果病人知道那个戴着令人发笑的帽子的女人桥牌瘾很大,或者那个穿着吱吱作响的靴子的男人是个守财奴和敲诈钱财的人,他们的确令人失望,那你的任务可就简单多了。那时候,你唯一要做的就是防止他问自己这样一个问题："以我现在这副样子，尚且能够认为自己多少还算是个基督徒，为什么坐在前排之人的各样缺点就会证明他们的宗教只是伪善和例行公事呢？"你可能要问，这念头太过显而易见，即便是在人类大脑中，也不一定能规避得过去。有可能的，瘟木鬼，这绝对有可能！只要处理得当，他就绝不会想到这一点。他和仇敌相交的时间还不够长，连一丁点儿真正的谦卑都没有。他说自己有罪，这类话全都是鹦鹉学舌，哪怕是跪着祷告也一样。在内心深处，他还是相信，自己皈依信仰这一举动就已经让他在仇敌的账簿里有了一笔非常可观的存款，因此，他认为自己到教会和这群平庸而又"自以为是"的人坐在一起，本身就是降尊纡贵，已经表现出了极大的谦卑。你要尽力让他的思想保持在这样的状态中，时间越长越好。

疼爱着你的叔叔

私酷鬼

## 3

亲爱的瘟木鬼：

我对你关于病人和他母亲关系的报告感到非常满意。但你一定要抓住这个大好时机。仇敌肯定会由内至外开展工作，使病人的品行渐渐受制于新标准，而他的行为举止随时都有可能影响到那个老太太。你必须先下手为强。要和我们那位看管他母亲的同事咕剥鬼保持密切联系，在这个家里，你们之间要倾力构建出相互厌烦、事小脾气大的良好日常习惯。下面是一些管用的招数。

1. 让病人的思想一直止于内在生活。他认为对信仰的皈依是内心的事情，因此目前把自己的注意力转移到了自己的心思意念上——更确切地说，转移到了那些经过完全净化的心思意念上，你应该让他只注意到这些思想。鼓励他只看到自己思想洁净的那一面。引导他关注最艰深、最属灵的职责，从而使他对那些最起码的义务视而不见。人类讨厌随大溜，会忽视那些毫无新意之事，你要强化这个很有用的特性。让他哪怕做上一个小时的自我反省，也无法发现那些和他同住或共事的人一眼就可以看出的毛病，你一定要把他带入这个境界。

2. 毫无疑问,我们无法阻止病人为自己母亲祷告。但我们却有法子使这些祷告变得没有害处。一定要确保这些祷告全都很"属灵",务必让他关心她的灵魂状况,却从不注意母亲身患风湿。这样做有两个好处。首先,他的注意力总是放在母亲那些他视为罪的行为上面,你只要稍加引导,就可以诱使他把所有那些妨碍到他、让他恼恨的行为都定义为罪。这样一来,即便他跪下祷告,你也可以在他伤口上撒点盐,让他那天所受的伤害变得更加痛苦难耐。这做起来一点儿也不难,而且你会发现其中乐趣无穷。其次,他对她灵魂的了解非常粗浅,而且往往是错误的,因此他从某种程度上说是在为一个只存在于想象中的人祷告,而你的任务就是让假想中的母亲一天比一天更不像他真实生活中的母亲——那个在早餐桌边说话尖刻的老太太。过了一段时间,你就可以把两者差距拉大,以至于他为假想母亲所做祷告滋生出的一切关心和感情,永远不能改变他对真实生活中自己母亲的态度。我自己就有几个被我控制得很好的病人,他们上一刻还在为妻子或儿子的"灵魂"迫切祷告,下一刻就能心安理得地责打或辱骂现实中的妻子或儿子。

3. 当两个人在一起生活多年之后,总会有一些说话腔调和面部表情让对方难以忍受,这是人之常情。就从这一点下手。你的那个病人在幼年时就不喜欢他母亲眉毛倒竖的那副样子,要提醒他有意去注意这种表情,并使他充分意识到自己对此有多么厌恶。让他以为母亲明知道这有多讨厌,却专门摆出这副样子来气他。只要你火候拿捏得恰到好处,他就不会注意到这一假设成立的可能性微乎其微。千万别让他怀疑自己是否有一些说话腔调和面部表情同样让她恼火。他既看不见自己的表情,也听不出自己说话的口气,因此,这是一件很容易办到的事。

4. 在文明生活当中,人若要向家人泄愤,通常会说一些字面上温和有礼的话(那些字眼儿可一点儿也不伤人),但用那样一种口气说出来,或是在某一特定时刻说出来,其实无异于搧对方一记耳光。为了使这出戏热闹起来,你和咕剥鬼务必要使这两个傻瓜都采用双重标准要求对方。一定要使你那病人要求母亲全要按字面意思去理解自己讲的话,不准引申,与此同时,却让他过度敏感地揣摩母亲说话的语气,推敲她讲这些话的前因后果和他所疑心的背后动机。同时,一定要鼓励这个母亲也采取同样态度。这样一来,每次吵完架不欢而散之后,他们都会深信自己非常无辜,或对此近乎深信不疑。这类情况你再熟悉不过了:"我只是问她什么时候开饭,她就向我大发雷霆。"这种习惯一旦牢牢地固定了下来,你就有好戏看了:一个人说那些话的目的摆明了就是要触怒另一个人,而当对方真的火冒三丈以后，这人又觉得很委屈。

最后，给我讲讲那个老太太的信仰状况。她难道不嫉妒自己儿子生命中的新变化？——她认为自己早在他还是个孩子的时候，就已经为他创造了那么好的机会学习信仰，他没有好好珍惜，现在这信仰大概是从别人身上领悟到的，而且还领悟得那么迟，对此难道她就不气愤吗？她有没有觉得他对皈依信仰这件事太"小题大做"了，还是觉得他的信仰得来全不费功夫？别忘了仇敌传记中的那个大儿子①。

疼爱着你的叔叔

私酷鬼

① 这个故事出自圣经《路加福音》15:11－31，故事中小儿子提出分家，在外面把自己那份家产挥霍一空之后，回家向父亲认错悔改，父亲不仅完全饶恕他，还为庆祝他归家而大摆筵席。那个一直未离开父亲的大儿子对此非常嫉妒，生气不肯进家门，并向父亲抱怨。——译注

4

亲爱的瘟木鬼：

　　在你上封信中流露出的外行迹象引起了我的警觉，是到该写信与你细谈祷告这个沉重话题的时候了。你说我对病人为自己母亲祷告一事所提的建议"被证明是完全不可取的"，这真不像话。一个侄子不该对叔叔这样出言不逊，这也不是一个初级魔鬼写信给一个部门副部长时该有的内容。这话还暴露出你推卸责任的不良居心。犯下大错，后果自负，这点你是一定要明白的。

　　只要有可能，最好让病人丝毫没有认真祷告的念头。如果一个成年病人像你管的那人一样刚刚再度归入仇敌阵营，那最好鼓励他去回想自己孩提时代那种鹦鹉学舌似的祷告，或让他自以为还记得那种机械式的祷告。为了避免重蹈覆辙，他就会听你的劝告，去追求一种完全自发、内在、非正式且不受任何约束的祷告。对于一个初信者而言，这意味着他会在自己心里努力酝酿一种模模糊糊的祷告情绪，而其心志和理智根本就没有专注在祷告上。在他们的一首诗歌①中,柯勒律治②写道,他祷告时"未启唇,未屈膝",而只是单单"把爱纳入自己灵里",任自己沉浸在"一种祈祷的感觉"中。这正是我们想要的那种祷告;它很像那些事奉仇敌的高手们所做的默祷,因此,那些聪明伶俐、喜欢偷懒的病人们就可以被这种祷告蒙蔽好一阵子。最不济,也要让他们认为身体姿势对祷告没有丝毫影响。他们常常会忘记一件事,你却一定要把这件事牢记在心,即:他们是动物,无论身体做什么事,都会对其灵魂有影响。人类一直以为我们在不断地往他们脑子里灌输思想,这真可笑,其实啊,我们最出色的工作是通过让他们忘记一些事情而完成的。

如果你办不到这一点,就得靠一种更巧妙的法子来把他的祷告引入歧途。他们若专心仰望仇敌,我们就完了。不过,有一些方法可以阻止他们这样做。最简单的一种办

---

① 指的是柯勒律治写的《睡眠的痛苦》(The Pains of Sleep)一诗。柯勒律治在 1803 年 11 月 9 日给骚塞的信中附上了这首诗的手稿,并且在信中说:"我的精神遭透了,完全是由于每晚的噩梦所致——我真的害怕睡觉。不是什么幽灵附身,而是实实在在的沉重的悲哀,使我一个上午都坐在床边,并且痛哭——除了乙醚,我已经放弃了所有的鸦片酊,而且只在痛时使用。" ——译注

② 柯勒律治(Samuel Taylor Coleridge,1772 −1834):英国浪漫主义诗人,文学评论家和哲学家,是英国浪漫主义运动的发起人之一。——译注

法就是使他们把目光转移到自己身上,不再定睛于祂。要让他们一直关注自己的心,并按着自己的意思,努力在心里制造出各种感觉。如果他们想求仇敌赐下仁爱,就让他们在不知不觉间开始为自己努力制造仁爱的感觉。如果他们想求仇敌赐下勇气,就让他们努力去营造勇敢的感觉。当他们祈求仇敌赐下宽恕时,让他们努力去感觉自己罪得赦免。要教导他用是否成功地营造出了所需感觉来衡量每个祷告的价值;永远不要让他们怀疑,酝酿感觉的成败多多少少取决于在那一刻他们是健康还是生病,是神清气爽,还是疲惫不堪。

而与此同时,仇敌决不会坐视不管。只要有祷告,祂就可能会马上采取行动。祂不仅不顾自己身份,还完全漠视我们作为纯种灵的地位,恬不知耻地向那些跪下来的人类畜生显明自己。不过,即使祂让你第一轮误导无功而归,我们还有一种更为精妙的武器。人类一开始并不能够直接感知仇敌,不幸的是,我们却能直接感受得到,躲也躲不过。人类还从来没有领教过那种恐怖的亮光,像刀子一样刺痛,又像火一样炙灼,这是我们永恒痛苦的根源。在那病人祷告的时候,你在他心里是看不到那种光的。如果你细细察看他所注目仰望的对象,就会发现那其实是一个包囊了很多荒诞可笑成分的大杂烩。在那个大杂烩中,会有一些取自仇敌肖像画①的形象,因为仇敌在被称为道成肉身的可耻事件中曾经露过面。另外两个人物②的形象更为模糊不清、幼稚原始,这些也会出现在大杂烩中。这里面还会夹杂一些病人自己对神圣事物那已经被物化了的崇敬之情(以及随之而来的各种感官感觉)。据我所知,在一些案例中,病人口里所说的那位"上帝",其实只坐落在卧室天花板的左上角,只在他自己脑子里,或只在墙上那尊耶稣受难像那里。不管那个大杂烩性质如何,你必须要让他向它祷告——就是向他自己所造之物祷告,而不是向创造了他自己的那位祷告。你甚至可以鼓励他煞有其事地去修正和改进这一大杂烩,并在整个祷告中把它一直牢牢钉在他的想象之中。一旦他能区分二者,自觉地向"神自己而不是自己心目中的神"③祷告,我们就陷入了绝境。一旦他放下自己所有那些意念和形象,或虽保留这些念头,却完全清楚其主观性,懂得把自己交托给临在面前的那个完全真实、客观和肉眼不能看见的仇敌④,那个在这个房间里与他在一起的

---

① 指的是后世关于耶稣的画像。——译注
② 原文为"Persons",意指三位一体的上帝中另外两个位格:圣父和圣灵。——译注
③ 原文为"Not to what I think thou art but to what thou knowest thyself to be"。——译注
④ 原文为"Presence"。——译注

仇敌,那个无法被看透却完全看透他的仇敌——哎呀,后果真是不堪设想。为了避免出现这种情况,你要把握一个事实,即:人类其实并不像自己所以为的那样希望灵魂完全裸露在祷告中。不过要小心,还是会有令他们不快的意外发生!

疼爱着你的叔叔
私酷鬼

## 5

亲爱的瘟木鬼：

本以为能收到一份关于你工作进展的详细报告，结果你上一封信胡话连篇，真让我失望透了。你说欧洲的人类又开始打仗，因此你"欣喜若狂"。我知道你是怎么回事。你不是"若狂"，而是在发酒疯。再细读你那篇对病人不眠之夜的错乱估计之后，我可以非常精确地再现你的思想状态。你在自己的职业生涯中，第一次尝到了人类灵魂苦闷和迷乱的这杯美酒，这是我们所有劳动的报酬，不过，只这一点酒就把你的头脑给冲昏了。我很难责怪你。我不指望年轻的肩膀上会有老练的头脑。那病人对你描绘的未来恐怖画面有反应吗？带着自怜去回顾美好过去很有好处，你有没有在这方面下工夫？——是啊，他的胃很好地绞成一团了，的确，你的小提琴拉得真是荡气回肠。嗯，这个嘛，都是很自然的。但瘟木鬼，你要记住，苦干在先，享受在后。若是你现在的自我放纵导致猎物最终逃脱，你就会永远地被撤弃到一个角落，对这网你现在刚吃了第一口就喜欢上的鱼就只有垂涎的份儿了。相反，如果你现在稳扎稳打、冷静工作，就能够最终保全他的灵魂，到那时候，他就永远归你了——新鲜活跳的绝望、恐怖和惊骇会从杯中满溢而出，你想什么时候喝就什么时候喝。所以不要让任何眼前的刺激分你的心，让你不能专注于削弱信仰、破坏德性的工作。在你下一封信中，一定要给我做一份关于病人对战争反应如何的全面报告，这样，我们就能够确定把他变成一个极端爱国主义者或热心的和平主义①者的做法是否能收到好的效果。有各种各样的可能性。与此同时，我必须警告你，不要对一场战争抱太大希望。

当然，战争是有趣的。人类那些紧随其后的惧怕和痛苦是我们无数辛勤劳动的同事们一道正当而美味的点心。但是我们若没有利用战争把灵魂带去给我们在地下的父，从长远看，战争对我们又有什么好处？看到那些暂时受苦却最终从我们这里逃脱的人，我的感觉就像是在珍馐满桌的筵席前，刚尝了一口美味就被赶了出去。那还不如不吃那一口呢。仇敌让我们看见祂的宝贝们暂时遭受痛苦，只

---

① 和平主义（Pacifism）：又称非战主义，是反对战争或暴力的一切形式，追求和平和非暴力方式，解决人与人之间的冲突和对抗，信仰和支持和平主义的人被称为和平主义者（Pacifist）。极端和平主义者通常反对一切形式和种类的战争，他们往往不区别战争的性质，即使是保卫自己国家的战争也反对。他们不区分战争的社会根源，认为通过和平谈判和协商就能解决双方的暴力。——译注

不过是为了要让我们心痒难熬罢了——不过是为嘲弄我们那无穷无尽的饥饿而已，不可否认，在目前这种严重冲突阶段，祂的封锁正在造成饥荒，这就是仇敌打仗的野蛮战术。这场战争本身固有的一些特定倾向对我们很不利。因此，让我们还是来考虑如何利用而非享受这场欧洲战争吧。我们或许可以盼望残暴和淫荡泛滥横行。但只要一个不小心，就会眼睁睁地看着成千上万的人在这场浩劫中转而投靠仇敌，成百万的人虽然没有那么过分，却仍会把注意力从自己身上移走，转到那些他们认为比自我更为崇高的价值观和理想上去。我知道，其中很多理想仇敌并不赞同。但祂极为不公平之处就在于此。尽管从祂荒诞不经的立场上看，这些理想很糟糕，祂还是常常会把那些为自己心目中最高理想牺牲的人掳走。战争时期不合我们心意的死亡也要考虑在内。人们会死在自己已经知道可能会被杀的地方，如果他们都是仇敌一伙，在奔赴那些地方的时候，他们心里就会有所准备。那还不如让所有人类都死在昂贵的医院里，这对我们来说要好得多！这样一来，就可以让周围的医生们、护士们、朋友们如我们所调教的那样撒谎，他们向将死的人保证病情会好转，他们鼓励人们相信，身上有病可以成为一切放纵任性的借口，若我们的同事足够称职，甚至还可以让他们因为怕病人知道自己的真实状况而不准神父进医院。战争会不断提醒人们死亡,对我们来说,这又是多么惨重的损失啊!让人满足于世俗生活是我们最好的武器之一,现在根本派不上用场。在战争年代,没有一个人会相信自己会永远活下去。

我知道撕铠鬼和其他魔鬼把战争看成是一个攻击信仰的大好机会,但我认为这种观点有点夸大其辞。仇敌简单地告诉祂那些人类狂热支持者们,在祂所谓的救赎中,苦难是一个不可或缺的组成部分;所以,一场战争或瘟疫就可以打垮的那种信仰,其实压根就犯不着去破坏。我刚才是在谈那种持续时间长、影响范围广的苦难,例如眼下这场战争将会造成的苦难。当然,在惊慌恐惧、生离死别或身体剧痛那个关头,病人暂时丧失理智,你或许可以在这个节骨眼上将他一把擒住。但即便得手,如果他向仇敌总部求援,我发现他的命门几乎总还是会在仇敌的保护之下的。

*疼爱着你的叔叔*

*私酷鬼*

6

亲爱的瘟木鬼：

听说你的病人年龄和职业符合征兵条件，但还不确定是否会被召入伍，我挺高兴的。我们希望他心里极度彷徨犹豫，这样一来，关于未来的一幕幕影像就会在他脑子里乱飞，相互矛盾的场景交织在一起，有的让他希望满怀，有的令他惊恐万分。要阻止人心归向仇敌，焦灼忧虑是绝佳的街垒路障。祂希望人们专注于他们现在做的事，我们要做的则是使他们不断猜想将来会有什么事发生在他们身上。

当然，你的病人届时将会知道，他必须要以忍耐之心顺服仇敌的旨意。仇敌讲这话的意思，主要是说他应该以忍耐之心承受当前的那些焦灼和忧虑，这才是实际分派到他身上的磨难。他要对着这个实际的磨难说"愿你的旨意成全"，每日供应灵命食粮的目的就是为了让他能够完成忍受实际的磨难这一日常任务。你的工作是要确保病人永远不把当前的惧怕心理看成是要背的十字架，而只关心他所惧怕的那些事情。就让他把那些事情视为自己的十字架；让他忘记，既然它们互不相容，就不可能全部落到他头上，你要让他努力地对着这些臆想出来的事情提前操练毅力和忍耐。其实,同时对几十种想象出来的命运真心顺服,那简直是不可能做到的事,因此,仇敌不会特别帮助那些妄想做到这点的人,相形之下,默默承受当前实际的痛苦就容易多了,即便痛苦中夹杂着恐惧,仇敌通常也会采取直接行动进行支援。

这里涉及到了一个重要的属灵定律。我曾说过,你若能把他的注意力从仇敌身上移开,转到自己对仇敌的心态上去,就能弱化他的祷告。另一方面,如果病人的思想从所惧怕的事物转向恐惧本身,并把恐惧看成是自己当前的一种不良心态,那么恐惧就会变得容易克服得多。而当他把恐惧看成是自己要背的十字架时,又不免会把它看成是一种心态。由此可以总结出一条普遍适用的法则:凡有利于我们的心思,你都要鼓励病人不去反省自己内心,将注意力集中到所想的客观对象上;凡是对仇敌有利的心思,你则要把他的思维扭转回来,让他去关注自己内心。你要用一句辱骂或者一个女人的胴体把他的注意力牢牢吸引到外部世界,这样,他就不会想到"我现在进入了一种名叫愤怒的状态——或我现在进入了一种名叫贪恋淫欲的状态";反过来,让他去想"我感觉自己越来越虔诚了,或者越来越有爱心了",用这样的想法把他的注意力牢牢钉在内在世界,从而无法看到在他自我世界之外的我们的仇敌或他自己周围之人。

关于他对战争的一般态度，你一定不要过度依赖那些人类在基督教或反基督教期刊上所津津乐道的同仇敌忾。病人心情极度苦闷，当然会听你的话，会在对德国统治者们仇恨之情的驱使下滋生出报复的念头，就目前情况而言，这是件好事。但这种仇恨往往浮夸不实，他在真实生活中根本就没有遇到过这些人——他们是他从新闻报纸上所读内容构造出来的假人。这种幻想出来的仇恨，其结果常常会让我们大失所望，在这方面，英国人是全人类中最可悲的懦夫。他们大声宣布要把敌人碎尸万段，然后却向出现在后门的第一个德国飞行员①递上热茶和香烟。

你还是放手去做吧，在你那病人的灵魂中，将会有一些爱心，也会有一些怨恨。最好把这些怨恨引到他周围离他最近的人那里去，让他把怨恨发泄到那些他天天都会碰面的人身上，却把爱心投射到遥不可及的圈子里去，对他素未谋面的人充满爱心。由此，这怨恨开始变得全然真实起来，而其爱心则很大程度上只存在于想象之中。如果他在痛恨德国人的同时，开始关爱母亲、老板以及自己在火车上偶遇

---

① 从1940年开始，德国对英国进行密集的空袭，这里所说德国飞行员指的应是飞机被英国击落却幸存下来的飞行员。——译注

之人,养成一种仁爱的恶习,那激起他对德国人的仇恨就一点好处也没有。你要把这个人看成是一串同心圆,最里面的是他的意志①,往外依次是他的理智和想象。你不要指望一口气把三个圈里沾有仇敌味道的东西统统除掉。但是,你一定要把所有品德不断往外圈推移,直到把它们推到想象的地界为止,然后,把所有合我们心意的品质推到意志中去。品德只有到达意志层面并体现在习惯上,才会致我们于死地。(我当然不是指那种病人误以为是自己意志的东西,痛下决心时的清醒愤懑和咬牙握拳并不是我所说的意志,我指的是仇敌称之为"心灵"的那个真正的中心)。一个人若只是在想象中把品德加以渲染,在理智上赞同品德,甚至对品德到了喜爱和仰慕的地步,所有这一切却无法阻止他踏入我们父的家门。实际上,没有进入意志层面的那些品德只会让他在进门的时候显得更加可笑而已。


*疼爱着你的叔叔*

*私酷鬼*

---

① 原文为 Will。——译注

7

亲爱的瘟木鬼：

你问我是否有必要保持病人对你的存在浑然不觉的状态，真没想到你居然会问这个问题。至少就斗争目前阶段，堕落指挥部对此问题已做批示。当前政策是要把自己隐藏起来。当然，以前并非一直都是这样。我们的确面临一个痛苦的两难境地。如果人类不相信我们存在，我们会失去直接恐吓带来的可喜结果，也无法造就玄学巫术之士。另一方面，如果他们相信我们存在，我们就不能把他们变成物质至上主义者和不可知论者①。至少，现在还不能。总有那么一天，我们可以把他们的科学涂上感情色彩、掺入神话成分，以至于人类思想在对仇敌信仰保持关闭状态的同时，实际上被我们的信仰（虽然不是打着这个旗号）暗暗渗透。

---

① 不可知论者，或称不可知主义，是一种哲学观点，认为形而上学的一些问题，例如是否有来世、上帝是否存在等，是不为人知或根本无法知道的想法和理论。不可知论包含着宗教怀疑主义，不像无神论者一样否定神的存在，只是认为人不能知道其存在。——译注

我对此寄以厚望。"生命力"①、性崇拜,以及精神分析治疗法的某些方面②在这里都可以派上用场。一旦我们能够创造出自己完美的杰作——那种否认灵的存在,不是使用,而是去崇拜他含糊称为"力量"之物的人,即搞玄学巫术的物质至上主义者——那我们就胜利在望了。而与此同时,我们必须要服从上级命令。我认为你把病人蒙在鼓里并不是一件很难的事。在现代想象中,"魔鬼"大多是滑稽角色。这能助你一臂之力。如果他对你的存在开始起了一丝疑心,就让他联想到一个身着红色紧身衣③之物的画面,并且说服他,既然他不会相信那个(这种惑人之术在教科书上久已有之),也就不会相信你的存在。

---

① 指的是法国生命哲学家柏格森的生命之流,又称生命冲动。柏格森认为,宇宙的本质不是物质,而是一种"生命之流",即一种盲目的、非理性的、永动不息的而又不知疲倦的生命冲动,它永不间歇的冲动变化着,故又称"绵延"。"生命之流"的运动有如一个漩涡之流,生命向上冲,物质向下落,二者的碰撞结合产生了生物。处于漩涡中心的是人的生命和意识,其次是动物的生命,外缘是植物的生命。而脱离漩涡下落的是物质,物质是堕落的生命。柏格森认为宇宙万物都是假象,它的本质是不断冲动的"生命之流",故他又称这种"生命之流"为上帝。他认为上帝和"生命之流"是同一种东西,最后把"生命之流"和上帝完全等同起来。——译注
② 作者对其论述见《返璞归真》(*Mere Christianity*)之"道德与精神分析"。——译注
③ 在当代影视戏剧中,扮演魔鬼的演员常常身穿红色紧身衣,有时会带上犄角和尾巴的道具,以象征邪恶势力。——译注

我没有忘记曾经答应过你要仔细考虑一下到底是把病人变成一个极端爱国主义者,还是一个极端和平主义者。除了对仇敌的极端委身之外,所有极端性都要鼓励。当然,不是要一直这样做,我们只在这段时间采取这种做法。有些时代不温不火,自满而故步自封,那时我们的工作就是安抚他们,让他们沉睡得更快。而在像当代那样派系之争此起彼伏的失衡年代,我们则要去激发他们的怒气。由于某种利益被人憎恶或遭人忽视,人们会联合在一起组成排外的小集团,所有这类小集团都倾向于在自己内部滋生出一种温室里的相互赞赏,对外部世界则满怀骄傲和敌意。因为引起骄傲和仇视之情的是"崇高事业",而且他们认为这感情没有针对某个具体的人而发,所以他们心存骄傲和敌意却无羞耻之感。即便这个小团体本是为仇敌而设,也同样会这样。我们想让教会规模变小,这样,不仅认识仇敌的人会变少,而且那些已经认识仇敌的人也会沾染上一个秘密组织或小派系所特有的那种强烈不安及防御性的自以为义。当然,教会自身戒备森严,我们目前还未能成功地把一个反对派①的所有特点都加诸于教会,但在教会当中的不同宗派则常常产生出让我

---

① faction,是指在政治上反对政府的一个党派,常常指少数派,但也可以指多数派,为自己的利益而斗争,往往贪婪而无视公众利益。(1913 韦伯斯特辞典)。——译注

们赞叹不已的结果,古有哥林多教会的保罗党和亚波罗党①,今有英国圣公会的高低教派②。

你的病人若听你的劝,成了一个由于反对战争而拒服兵役的人,他必会发现自己已经成了一个不受欢迎的小社团的一员,这个小社团大鸣不平之声,还颇有组织性。对于一个接触基督教时间那么短的人来说,几乎可以确定会收效颇佳。但也只是几乎可以确定而已。在当下这场战争爆发前,他是否曾经大大质疑过参与一场正义战争的合法性? 他是否是一个勇气十足的人——以致于他一点也不会怀疑自己信奉和平主义另有其真正动机? 当他最接近于诚实的时候(没有一个人曾经非常接近过),是否能完全确信自己完全是出于顺服仇敌才这样做的? 如果他是那种人,那他的和平主义可能不会给我们带来太大好处,而且仇敌也会护着他,让

<hr>

① 圣经《哥林多前书》1:10—12以及3:4提到了这两个派别及其纷争。——译注

② 高低教派之分起源于英国圣公会。英国圣公会起初沿袭了当时天主教的很多礼仪。高教徒认为礼仪有重要和实质的属灵意义,主持礼仪的圣职人员不能由普通平信徒担任。低教徒不认同这种做法,有些人甚至认为一些高教派礼仪近乎偶像崇拜。很多人崇拜时只有程序,没有礼仪。程序可以根据需要随时更改,这类教会唯一有的礼仪就是圣餐和洗礼,因为有圣经明文列出。这类教会统称为低教。高教和低教的分别并不在于信仰好坏,只是对一些崇拜礼仪的重视程度有所不同。——译注

他免于承担加入一个小派系的常见后果。若是那样，你最好的策略就是试着引发一次突发而迷乱的情绪危机，让他如大梦初醒，转而疑虑犹存地归向爱国主义。这常常可以得手。但如果他是那种我看准的人，不妨试试和平主义。

不管他采取哪种立场，你的主要任务都一样。就是要让他开始把爱国主义或和平主义当作是他信仰的一部分；接着让他在党派精神的影响下，将其视为信仰最重要的部分；然后，你可以暗地里持续不断地慢慢调教他，让他进入把宗教变成只是"崇高事业"一个组成部分这种境界。这时，基督教义之所以有价值，主要是因为该教义可以为英国参战或和平主义作绝佳辩护。你千万不要让病人把现世之事主要看成是操练顺服的材料。一旦你让他把世界当成终极目标，把信仰看成是达到目标的手段，那个人几乎就归你了，至于他追求的是哪种世俗目标，倒并没有太大差别。只要对他而言，集会、宣传小册子、政策、运动、系列活动比祷告、圣礼以及仁爱之心更加重要，他就是我们的了——而且他越"虔诚"（在那些方面），就越会稳稳地落入我们的瓮中，我可以向你展示，地狱里这样的人可有一大笼。

疼爱着你的叔叔

私酷鬼

## 8

亲爱的瘟木鬼:

这么说,你"对病人信教阶段快要过去充满希望"是吗？自从它们让老噬拿鬼当培训学院院长以后,学院就变得一塌糊涂,我一直这么认为,现在我可以完全确信了。难道没有人跟你说过波动定律吗？

人类是两栖动物——一半是灵,另一半是动物(当年我们的父下决心不再拥护仇敌,原因之一便是仇敌执意要制造出这种讨厌的杂种)。作为灵,他们属于永恒世界；作为动物,他们栖息在时间里。这就意味着,尽管他们的灵可以指向一个永恒的目标,他们的肉体、激情和想象却在不断变化中,因为身处时间之中就意味着要不断变化。因此,他们要达到恒定境界的最短路径就是进行波浪式运动——上升到一个层次,然后跌落下来,反反复复地上升下降,形成一连串的低潮和高潮。要是你曾仔细观察过这病人,早该看到这种波动存在于他生活的方方面面——他对自己工作的兴趣,他对朋友的情谊,他肉身的欲望,全都上下起伏着。只要他生活在地上,情绪和身体上的充沛活泼期就会与麻木贫乏期交替出现。目前你的病人正经历的那种干枯晦暗,并不像你傻想的那样全是你的功劳。这纯粹是一种自然现象,你若不好好利用,就根本不会对我们有任何好处。

为要断定如何充分利用这一定律,你一定要弄清楚仇敌是怎么运用该定律的,然后跟祂对着干就好了。仇敌试图永久占有一个灵魂的时候,祂更依靠那些低潮,甚至多过运用高潮,嘿,知道这点你可能会有点惊讶;一些祂特别宠爱的人曾经历过比其他任何人时间更长、程度更深的低潮。原因如下。对我们而言,一个人的本质是食物;我们的目标是把它的意志吞并到我们的意志中去,通过牺牲这个人来扩张我们自己以自我为中心的地盘。而仇敌要求人具备的顺服则完全是另一码事。所有那些关于他对人的爱、人在事奉中将会得到完美自由的言论并非(如我们所乐意相信的那样)纯属鼓吹宣传,而是一个触目惊心的真理,这是我们不得不面对的一个事实。祂的确真想把整个宇宙塞满自己那些可恶的复制品——就是那些在比例上微缩,生命品质上和祂自己相似的被造物,与祂相似不是因为祂把他们吞了下去,而是因为他们的自由意志降服于祂的意旨。我们要的是最终可以变为食物的牲畜,祂要的是最终可以变为儿女的仆人。我们想吸进来,祂想给出去。我们是空的,需要填满,祂是满的,所以会满溢泛滥。我们争战的目标是为了建立起一个世界,让我们地下的父把所有其他生灵[1]都吸进它里面。仇敌则想要一个塞满了生灵的世界,这些生灵与祂合一,却仍旧保持其独立性。

就在这里,低潮派上了用场。你一定常常不解,为何仇敌不多动用些自己的权力去使人类灵魂感觉得到祂的同在,深浅程度和时间可以任由祂选择。但现在你应该明白了,恰恰是因为祂计划的性质,祂才禁止自己使用"无法抗拒"和"不可反驳"这两种武器。单单压制一个人的意志(因为祂感到除了在最微弱缓和程度上的临在[2]之外,其他任何动作都将会践踏人的意志)对祂毫无用处。祂不能强奸,只能追求。因为祂有一个卑鄙龌龊的想法,想要鱼与熊掌兼得。这些人会与祂合为一体,却仍会保持自己本色。单纯把他们的自我除掉或者把他们吞下去都行不通。祂准备在开始的时候稍微强势一点。祂会在他们起步的时候发出祂自己同在的信号,尽管微弱,但是对他们而言则是非同小可,同时,他们会感觉到心里甘甜,能够轻易征服诱惑。但是祂不会让这种暧昧状态持续很长时间。他迟早都会收回所有那些支持和激励,即便没有实际收回,至少也是从他们

---

① 原文为 beings。——译注
② 原文为 presence。——译注

意识体验里抽走。祂让这些被造物用自己的腿站立——单单凭着意志去履行那些已经没有丝毫吸引力的义务。恰恰就是在这样的低潮期，它开始成长为那种祂想要它成为的那种被造物，这里成长比在高潮期要多得多。因此，在干枯状态下所做的祷告是最讨祂欢心的。我们能够通过持续不断的诱惑牵着我们那些病人们的鼻子走，因为我们只是把他们当成餐桌上的食物而已，他们意志受干涉越多越好。祂不能像我们诱惑人们犯罪那样"诱惑"他们有德性。祂想让他们学会走路，因此必须要放开自己的手；而他们只要有去行走的意向，哪怕跌跌撞撞，祂也会满意得很。瘟木鬼，不要上当。当一个人不再向往却仍旧有心去完成我们仇敌的旨意，当一个人仰望茫茫宇宙，似乎祂所有痕迹都消失殆尽，于是问自己为何被离弃，却仍旧遵行祂的命令，那时候，我们的事业就会陷入最大的危机。

不过，低潮当然也会为我们这一方提供机会，下一周我会给你一些如何发掘这些机会的忠告。

*疼爱着你的叔叔*

*私酷鬼*

## 9

亲爱的瘟木鬼：

希望我上一封信已经让你确信，你的病人虽有沮丧或"干枯"之感，但这低潮本身并不能把他的灵魂自动奉送到你手上，而需要你善加利用。至于如何善加利用，现在我就要来斟酌一下这个问题。

首先，我发现人类波动起伏中的低潮期为所有的感官诱惑，特别是性诱惑，提供了绝佳机会。这可能会让你有点吃惊，当然啦，在高潮期精力更充沛，因此潜在的欲望更亢奋；但你必须记住，那些时候人对诱惑的克制力也处于巅峰状态。你想用健康和兴致来制造贪淫，唉，这些东西很容易被用于工作、娱乐、思考或无伤大雅的嬉戏。这种攻击在人整个内心世界单调、冷酷、空虚的时候，成功率则要高得多。值得一提的是，低潮期性欲与高潮期相比有质的区别——这种性欲更少引起人类称之为"坠入爱河"的那种水乳交融现象，更容易被拉向性变态。性有可能让人变得慷慨、激发想象力，甚至还会触动心灵，这些伴随着性而来的东西常把人类性欲变得让我们大失所望，低潮期的性欲却不会被这些东西玷污。肉体的其他欲望也是一样的。在你那病人沮丧和厌倦时,你逼他把喝酒当作一种镇定剂,把他造就成一个彻头彻尾酒鬼的可能性远远大于鼓励他在快乐开心时与朋友喝酒助兴。永远不要忘记,在安排处理健康、正常和令人满足的快乐时,从某种程度上说,我们是站在了仇敌的地盘上。我知道我们通过享乐虏获了很多灵魂。但这仍旧是祂发明的,而不是我们。祂创造了各样快乐:迄今为止,我们所有研究都无法使自己具备制造能力,连一个快乐也造不出来。我们唯一能做的就是鼓励人类在仇敌所禁止的时间、以祂禁止的方式或程度来享受祂所创造的快乐。因此,我们一直夜以继日地工作,要把所有快乐从自然状态转化为最不自然、最不可能联想到其创造者、愉悦程度最低的状态。公式就是让他们对一种不断递减的快乐产生越来越强烈的渴望。这招更可靠;且格调更高。得到了一个人的灵魂却什么也不回馈给他——这深合我们父的心意。那些低潮正是启用这一方法的绝佳时机。

不过,发掘低潮还有一个更好的方法;我指的是利用病人自己对低潮的看法来达到目的。像往常那样,第一步是不让知识进到他脑子里去。不要让他知道波动定律,连一点疑心也不起。让他以为自己皈依信仰时的那种最初的火热之情,本会持续到永远,并理应永远持续下去,让他猜想,当下的干枯同样也是一种恒常状态。这种错误看法一旦牢牢地在他头脑里扎下根,接下来你就可以采取不同的方法来开展工作。这取决于你的病人是意志消沉型还是盲目乐观型,你可以诱惑前者陷入绝望,向后者担保一切安好。在人类当中,前一类型的人越来越少有了。如果你的病人恰好就是那种类型,一切都会变得简单起来。你只要不让他碰到有经验的基督徒(现在这是一个很容易完成的任务),进而把他的注意力引到圣经经文里恰当的段落上去,然后使他完全依靠意志力,不顾一切地努力恢复最初的火热之情,这样一来,我们就胜券在握了。如果他属于较为乐观的类型,你的工作就是要让他勉强接受自己灵性的低沉状态,然后让他逐渐安于现状,劝慰自己说毕竟现在还没那么低沉。一两周后,你一定要让他怀疑自己在基督徒生活刚开始的那段时间是不是有点热过头了。和他聊"万事要合乎中道"。你一旦能让他认为"宗教点到即止就很好",那就大可以为他的灵魂而欣慰不已了。对我们来说,适度的宗教不仅不比根本没有宗教差——而且还更具娱乐性。

还有一种可能,那就是直接攻击他的信仰。你若已经让他以为低潮期会永远持续下去,难道还不能够说服他,"他的信教阶段"会像其他那些成长阶段一样即将过去吗?当然,通过推理的确无法从"我对此失去兴趣"出发,得出"这是错误的"结论。但正如我先前所说,你一定要含糊其辞而不要靠推理。单靠阶段这个字眼就很有可能成功。我假设这个人以前经历过几个成长阶段——他们都曾经历过——因此,他一直对那些自己经历过的阶段不屑一顾,心存优越感,这不是因为他已经真正鉴别过这些阶段的优缺点,而仅仅是因为它们已经过去了。(我相信你已经很好地向他灌输了发展观、进步观,以及从历史角度看问题的模糊观念,那么,让他多读一些现代传记如何? 这些传记中的人物不也都是从各个阶段中走过来的吗?)

你领会要点了吗? 不要让他思想里有真伪完全对立的观念。"这阶段已经过去","这些我全经历过了"都是美妙而朦胧的句子,还有,别忘了"青春叛逆期"这个宝贵的字眼。


*疼爱着你的叔叔*

*私酷鬼*

## 10

亲爱的瘟木鬼：

从催蜕鬼那儿得知你的病人最近结识了几个非常理想的人，而对这一大事件你似乎也已善加利用，我非常高兴。根据收集的情报获悉，到办公室去拜访他的这对中年夫妇正是我们想要让他认识的那种人——富有、聪明、表面上很有知识，而且对世界上的一切都机警地抱以怀疑态度。我还从情报中了解到，他们甚至还隐隐约约是和平主义者，不是出于道义，而是出于标新立异、与众不同这一根深蒂固的习惯以及一点儿纯属赶时髦的文艺共同体理论①。这真是太棒了。而看上去，你也充分利用了所有他那些在社交、性欲和智识上的虚荣心。给我详细说说。他有没有很深地认同他们？我不是指言语的认同。一个人会巧妙地运用眼神、语调和大笑来暗示自己和正在与之交谈的人气味相投。这种背叛你特别应该鼓励，因为这个人自己还没有完全意识到自己在背叛信仰；而待他明白过来的时候，你已经让他

---

① Literary Communism，学术界中又译为"文艺共产主义"，但其概念本身为"借着书写或文学来分担共业的共同体"，所指并非共产主义的政治社会模式。此处用其实际含义译出。——译注

覆水难收了。

　　毫无疑问,病人一定会很快意识到自己的信仰与那些新朋友们言论背后的假设水火不容。我认为这无关紧要,只要你能说服他一直拖延,不公开承认这一事实就行了,而在羞耻、骄傲、自卑和虚荣心的帮助下,这是很容易办到的事。只要他把这事一拖再拖,就会落入违反原则的境地中。他将会在该说话的时候沉默,该沉默的时候大笑。他会假装自己抱有各样愤世疾俗和怀疑宗教的看法,一开始只是通过行为举止流露出来,不久在话语上也会有所表现。这些看法他并未真正认同。但只要你好好操纵他,它们就可以被内化为他自己的看法。所有人都一样,往往真会变成自己正在假装的那种人。这是小儿科。真正的问题在于如何应对仇敌的反击。

　　首先,要尽量拖延,别让病人发觉自己这种新消遣是一种诱惑。仇敌的仆人们两千年来一直把"世界"说成是一种标准的大诱惑,所以这点乍看上去很难做到。但幸运的是,在过去几十年里他们很少提这个了。虽然在现代基督教作品中,我看到很多(多得真让我反胃)关于玛门①的教导,而关于世俗虚荣、择友惜时的古老警诫倒是很少读到。你的病

---

① 玛门(Mammon):指财利,这里关于玛门的教导是指圣经教义中抗拒金钱诱惑的教导。《圣经》中提到玛门之处为:《马太福音》6:24,《路加福音》16:13。——译注

人可能会把所有这些古老诫命贴上"清教主义"①的标签——且容我顺便提一下,我们倾注到这个字眼里的价值观是过去一百年间最为伟大的成就之一。通过这个字眼,每年我们拯救成千上万的人脱离节制、贞洁和简朴生活的禁锢。

但是,病人迟早会认清那些新朋友们的真实面目,这时,你得要根据病人的聪明程度来决定采用何种战术。如果他是个大傻瓜,你就可以让他只在这群朋友不在身边时才会意识到他们的品性,而他们一出现,所有的判断就会一笔勾销。如果这招奏效,你就可以诱使他在很长一段时间里过上两种并行不悖的生活,据我所知,很多人都是这样生活的。他不仅在时常出入的各个圈子里表现出不同的面貌,而且也成了一个名副其实的多面人。如果这招不奏效,还有一种更加巧妙有趣的法子可以用。你可以让他去积极地享受自己生活中的这种两面性。利用他的虚荣心就能做到这一点。他可以学会喜欢上在星期天的时候屈膝在那个杂货店主旁边,这只不过是因为他知道,那个杂货店主根本不可能理解自己星

---

① 清教主义(Puritanism)这一名称始于 16 世纪的英国,清教徒原指希望完全按照圣经原则生活,顺服圣经教导的一群基督徒,曾饱受政治迫害。许多 18、19 世纪的英国作家,对清教徒都有看法。他们笔下的清教徒是愁眉不展的,别人开心作乐时,他们就走到一边。清教主义因而成了反乐趣、过度拘谨和严肃的代名词。——译注

期六晚上惯于进出的那个文雅而极尽嘲讽之能事的世界；另一方面，他可以更享受和这些风流人士边喝咖啡边说淫秽和亵渎宗教的话，这是因为他知道自己内心里有一个"更加深邃"而"属灵"的世界，超出他们的理解范围。你明白这招了吧——那些世故的朋友们触及到他生活的一面，那个杂货店主看到的则是另外一面，而他才是可以把这些人全都看透的那个平衡而复杂的完全人。因此，尽管他一直至少对着两群人当面一套背后一套，却不会感到羞愧，反而不断有自得的感觉暗暗涌上心头。最后，如果所有其他的法子都不管用，你可以说服他昧着良心，继续和这群刚刚熟识的人交往，因为他恍惚觉得，和这些人一起喝鸡尾酒，听他们讲笑话，这本身就是在"造福"他们，而如果自己不那么做，就有点"自命清高"、"气量狭窄"、（当然）"清教徒派头"了。

与此同时，你当然也要采取众所周知的防范措施，务必使这新交游诱使他花出去的钱比挣的还多，让他荒废工作，冷落自己的母亲。她嫉妒并惧怕，他愈发敷衍了事或粗暴无礼，这两点都要好好利用，它们可是恶化家庭矛盾的无价之宝。

疼爱着你的叔叔

私酷鬼

## 11

亲爱的瘟木鬼：

　　显然一切进展顺利。听说那两个新朋友现在已经让病人熟识了他们那一帮人，这让我格外高兴。正如我从档案部查到的那样，所有这些人都完全可靠。他们始终如一地嘲笑宗教，追求世俗享乐，虽然没有任何特别大的罪行，却也安静而平顺地向着我们父的家列队行进。你说他们是那种特别能笑的人，你该不是以为笑总是对我们有利吧。这点值得注意一下。

　　我把人类大笑的起因分为喜乐①、开心②、笑话③和嘲谑④。你可以在佳节前夕久别重逢的朋友或恋人之间看到第一种笑。成年人通常会借着笑话笑起来，但在久别重逢的时刻，连最不好笑的俏皮话也能轻而易举地引出笑声，这表明俏皮话不是笑的真正原因。我们还不知道真正的原因所在。类似的东西在那种人类称为音乐的可恶艺术中有很

---

① 原文为 Joy。——译注
② 原文为 Fun。——译注
③ 原文为 Joke Proper。——译注
④ 原文为 Flippancy。——译注

多表现,而且在天堂也有像这样的东西——属天体验的节奏忽然毫无道理地加快起来,这是我们无法参透的。这种笑对我们一点好处也没有,因此应该要一直严打下去。再说,喜乐现象本身也很恶心,它直接侮辱了地狱的真实性、尊贵性和严肃性。

开心和喜乐关系密切,它是一种从玩耍本能而来的情绪泡沫。这对我们几乎没有什么用。当然,有些时候可以用它来使人类分心,不再注意仇敌要他们去体会或做的其他事情,但开心本身也有讨厌透了的倾向;它会助长仁爱、勇气、知足和很多其他的罪行。

严格意义上的笑话通过让人突然感觉到一样东西与环境格格不入而产生滑稽之感,这是一个更加有前景的领域。不雅或淫秽的黄色幽默不在我优先考虑之列,巴望它们起作用的主要是二流魔鬼,它们的效果常常令我们失望。在讲黄段子这件事上,人类其实可以分为泾渭分明的两类。一类人认为"性欲是最严肃的一种激情",对于这些人来说,一个黄色故事若仅限于搞笑,就不会再挑起情欲;而另一类人,令他们捧腹大笑的东西同时也能够挑起他们的情欲。第一类人说关于性的笑话,因为其中有颇多格格不入的滑稽可笑之处。第二类人刻意制造格格不入的滑稽之感,好有借口谈论性。如果你管的那个人是第一种类型,黄色笑话就一点用也没有——我以前陪着一个病人在酒吧和吸烟室里,不知浪费了多少时间(这段时间对我而言单调乏味,简直难以忍受)才搞懂这个道理,真是刻骨铭心的教训。你要查明那个病人是属于哪一类人——还有,千万不要让他知道自己归在哪一类。

笑话和幽默其实另有他用,这种用法在英国人中特别成功,因为他们很看重"幽默感",缺乏幽默感几乎是唯一会让他们感到羞耻的缺陷。对他们来说,幽默是生活的厚赠,可以抚慰人心而且(请注意这点)可以开脱一切过犯。因此,这是一种破除羞耻心的工具,是无价之宝。如果一个人总是让别人为他买单,他就是"小气",如果他以诙谐的口吻来炫耀这件事,嘲笑那些被揩油的同伴,他就不是"小气",而是一个风趣的人。怯懦是可耻的,而通过幽默地夸大,做搞笑的表情来吹嘘自己的怯懦,则只会被人当作滑稽逗趣而一笑了之。残忍是可耻的——而一个残忍的人若能将之呈现为一个好笑的笑话,残忍也会变得无伤大雅。一个人只要能够让别人把自己的行为当成是一个笑话,几乎就可以任意妄为,不仅不会招致非难,同伴们反而会赞赏有加,你只要让这个人发现这个为所欲为的窍门,那就比使他讲一千个黄色笑话或亵渎宗教的笑话还要好,这将更有助于他被判入地狱。而且英国人对幽默的看重几乎可以完全把这种诱惑掩饰住,让你的病人没有丝毫戒心。对于任何"这可能有点过火了"的念头,你都可以扣上"清教徒派头"或"缺乏幽默"的帽子。

不过,嘲谑才是最佳手段。首先,它非常经济。只有聪明人才说得出一个关于德性的真笑话,或者关于任何其他事情的真笑话,而所有人经过培训之后,都能够把德性当作滑稽的事情来讲。一群轻浮戏谑的人总是假装笑话已经讲到位了。其实没有人真的在讲笑话,他们只是在以讥笑的口气来谈论一切严肃主题,好像自己已经发现它们荒谬可笑的一面似的。久而久之,嘲谑的习惯就会在一个人周围镀上一层隔开仇敌的防护层,据我所知,这是最佳防护层,而且其他大笑的来源所具有的危险它一概全无。嘲谑离喜乐有十万八千里;它使智力枯干,而非使之更敏锐;而且它也不会在那些嘲谑成性的人之间激发出任何感情。

疼爱着你的叔叔

私酷鬼

## 12

亲爱的瘟木鬼：

显然你大有进步。我唯一担心的是你操之过急，致使病人醒悟过来，对他自己的真实状态有所察觉。你我都很清楚他实际处在怎样的一种光景中，我们却千万别忘记，一定要让他看到完全不同的景象。我们很清楚，他的航向已被我们扭转，他正脱离轨道，不再围着仇敌打转，不过，务必要让他以为所有转变航向之事都微不足道，且有挽回余地。绝不要让他怀疑自己现在正掉头离开太阳，速度虽然缓慢，走的却是一条通往冰冷黑暗空间尽头的路线。

这就是为什么我在听说病人仍按时去教会、领圣餐以后，反而有些高兴。我很清楚其中的凶险。但这总比让他意识到自己已经中断了头几个月的基督徒生活要好。只要他外在还维持着一个基督徒的行为习惯，你就能让他仍然以为自己只不过结交了几个新朋友，有了一些新乐子而已，以为自己的灵性状态和6周前没有太大差别。只要他仍旧这么想，就不会彻底而清楚地认罪并毫不含糊地悔改，他虽然有些不安，却只是隐约感觉到自己最近有些不对劲，这样一来，我们就用不着和悔改做斗争，只要对抗那种感觉就好了。

　　这种隐约的心神不安需要好好处理。如果不安过于强烈,就会惊醒他,把整个局都给搅了。

　　另一方面,如果你把病人这种感觉完全抑制住,我们就会失去了得分机会,而且仇敌也会渐渐不允许你去压抑这种感觉。你若能继续维持这不安之感,却不任其一发不可收拾地转为真正的悔改,那它就有了一种极为宝贵的趋向性。它会让病人越发不愿去思考与仇敌有关的事。这种不情愿本是人之常情,每个人几乎在任何时候都会有一点的;不过,如果一想到祂,就要去面对那一片懵懂内疚感的朦胧云层,而且还会变得更为内疚,这种不情愿就会加剧十倍。他们痛恨所有那些会让自己联想到祂的念头,正如囊中羞涩的人连看到存折都会心烦。在这种状态下,你的病人虽然仍会履行他的宗教义务,但却会变得越来越不喜欢做这些事。只要面子上能够过去,他就会在事前尽可能少地去想它们,事后尽快地把它们抛在脑后。几周前,你还不得不去诱惑他脱离现实,使他在祷告中注意力涣散;而现在,你会发现他张开双臂欢迎你,几乎在乞求你去扰乱他的目标,让他心灵变得麻木一些。他将会希望自己的祷告脱离现实,因为现在他最害怕的就是和仇敌有真实接触。他将会把决不自讨苦吃这一点奉为圭臬。

这种状况稳固下来之后,你就可以逐步从用快乐诱惑病人的苦工中解脱出来了。到那时候,他内心不安,却不愿意面对这种感觉,这样就会与所有的真快乐越来越绝缘,与此同时,虚荣心、兴奋以及轻率讥讽的快感在习以为常之后就会变得不像以前那样享受,而习惯却让他对这些东西更加欲罢不能(习惯会使一种快乐变成家常便饭,这是很值得庆幸的一点),这时你会发现,没有任何事情能够吸引他那些涣散的注意力。你不再需要用一本他自己真正喜欢的好书来迷住他,使他不祷告、不工作、废寝忘食,昨天报纸上面的广告栏就足够了。你可以让他在闲谈中浪费时间,不仅是和那些他自己喜欢的人一起谈天聊以自娱,而且还和那些他根本不在乎的人聊一些极为沉闷的话题。你可以让他很长一段时间都无所事事。你可以让他晚上不睡觉,不是跑出去花天酒地,而是在一个冰冷的房间里呆呆地看着一堆熄灭的柴火。我们希望他避开一切健康向上的活动,现在这些都能被抑制住,而且不用给他任何补偿。这样,最后他可能会说:"我现在知道了,原来我大半辈子既没有做应该做的事,也没有做自己喜欢做的事。"我自己的一个病人在刚到地狱的时候就是这么说的。基督徒用"没了祂,一切都是虚空"来形容仇敌。其实虚空才是强大的:强大到足以偷走一个人的黄金岁月,使人最好的年华不是浸泡在甜蜜的罪中,而是任由心思在虚空中沉闷地摇摆不定,既不知道是什么,也不知道是为了什么,虚空还能使人把花样年华用来满足那些微弱到连他自己也有点懵懂的好奇心上面,使人把青春挥掷在敲打的手指和踢动的鞋跟之间,使人在他自己根本不喜欢的尖叫口哨声中消磨时间,或者是使人陷入漫长昏暗的幻想迷宫中,连情欲和野心都无法在那迷宫中引出快感,而一旦偶然遐想开始变为幻想,这个受造物就会变得孱弱迷醉,就会耽于幻想而无法自拔。

你会说这只不过是些小罪;无疑,就像所有年轻气盛的魔鬼一样,你渴望能有大宗邪恶供你汇报。但请务必记住,你从多大程度上把这个人和仇敌分离开来才是唯一要紧之事。罪再小都没关系,只要它们的累积效应是把那个人从光中慢慢推入虚空就行。如果打牌能得到一个人的灵魂,那打牌就不比谋杀差到哪里去。通往地狱的那条最安全的路其实并不陡峭——它坡度缓和,地面平坦,没有急转弯,没有里程碑,也没有路标。

*疼爱着你的叔叔*

*私酷鬼*

## 13

亲爱的瘟木鬼：

你写了那么多页纸，我看只讲了一个非常简单的故事。总而言之，你让这个人从你的指缝间溜走了。事态非常严重，而我真的找不出任何理由来让你免于承担后果，也不会帮你掩盖办事不力这一事实。病人认罪悔改，敌方称为"恩典"的那东西死灰复燃，按着你所描述的悔改和"恩典"的程度来看，我们简直就是一败涂地。这相当于第二次归信——而且可能比第一次归信更为深刻。

在病人从老磨坊往回走的路上，阻止你攻击他的那个窒息性云团是一种众所周知的现象，你本该认得出才对。它是仇敌最野蛮的武器，当祂以某种莫名其妙的方式直接与病人同在的时候，就会出现这样的云团。有些人永远被这种云团裹着，我们连靠近他们的机会都没有。

现在，要说说你闯下的那些大祸了。首先，你让病人读了一本他自己喜欢的书，不是为了能在他的新朋友们面前故作聪明地评点这本书，而是因为他觉得读这本书是一种享受。其次，你任凭他步行到老磨坊去喝茶——穿过他自己真正喜欢的乡村，而且是独自散步。换句话说，你让他享受了两种积极的快乐,对此你还毫不讳言。你竟那么无知,连这其中的凶险都看不出来吗?痛苦和快乐①的特点就在于它们绝对是真实的,因此,它们会给有这两种感受的人一块检验现实性的试金石。

所以,你若是想让你的病人沉溺于想象出来的痛苦,像恰尔德·哈罗尔德②或维特③一样自怜,也就是说,想采用罗曼蒂克法来毁掉他,那你就要不惜一切代价,保护他不经历任何真正的痛苦,原因很简单,五分钟真正的牙疼就可以揭示出罗曼蒂克式悲哀其实只不过是在无病呻吟而已,你的通盘计划就会露馅。但一直以来,你都试图用世界④来毁掉那病人,也就是说,要把空虚、喧扰、讽刺和昂贵的沉闷充当快乐出售给你的病人。最不应该让他接触的就是真正的快乐,你竟糊涂到连这一点都不知道吗?难道你就料想

---

① 痛苦,原文用 Pains;快乐,原文用 Pleasures。两个单词的首字母大写,表示真正的痛苦和快乐。——译注

② 恰尔德·哈罗尔德(Childe Harold)是拜伦(George Gordon Byron,1788—1824)诗作《恰尔德·哈罗尔德游记》中的主人公,孤傲、狂热、浪漫,内心孤独苦闷,却又蔑视群小,充满反抗精神。——译注

③ 维特(Werther)是歌德(Goethe,1749—1832)小说《少年维特之烦恼》中的主人公,维特的行为仅仅取决于自己的感觉,是伤感主义的代表性人物。——译注

④ 原文为"World",特指肉体的情欲、眼目的情欲和今生的骄傲等世俗产物。参见圣经《约翰一书》2:15—17。——译注

不到,你一直以来辛辛苦苦教会他珍视的那些赝品一旦摆在真快乐旁边,就会因为相形见绌而被抛在一边?难道你不知道书和散步给他带来的喜悦是最危险的一种快乐?这种快乐会剥掉你在他感性上面渐渐结成的硬壳,并让他有一种回到家里、寻回自我的感觉,你连这个也不知道吗?你曾想过要让他迷失本性,由脱离自我过渡到脱离仇敌,在这方面你本来已颇有一些进展。现在,所有功夫都白费了。

当然,我知道仇敌也想使人脱离自我,不过方式很不一样。你要永远记住,祂真心喜欢这些小寄生虫,而且对他们每个人的个性重视到了荒谬可笑的地步。当祂说要他们放弃自我的时候,祂指的仅仅是要他们摆脱自我意志的搅扰。一旦他们做到了这一点,祂就把所有的个性又全都归还给他们,并且夸口(恐怕是当真的)说当他们完全属于祂之后,他们就会活得更加本色,远胜于从前。因此,祂一方面乐于见到他们把自己那无辜的意志全部献给祂为祭,另一方面却痛恨看见他们出于任何其他原因而偏离他们自己的天性。我们应该一直鼓励他们做仇敌痛恨之事。每个人的最深的喜好和冲动是仇敌当初给这个人的原材料,是起点。因此,我们只要让他离开这些喜好和冲动,就可以夺得一些优势;哪怕在那些无关紧要的事情上,也要用世界、习俗或者时尚的标准来取代这个人自己真正的好恶。我自己就把这点做得很到位。我立下一条规矩,一定要让我的病人戒除一切除了罪以外的强烈个人嗜好,类似打板球、集邮或者喝可乐这样微不足道的嗜好也要务必根除净尽。我可以向你保证,那些东西本身根本就不包含德性成分;但我对这些嗜好里的那种天真、谦卑和忘我深表怀疑。一个人若真心喜欢上了世界上任何一样东西,既不计较利害得失,也不关心别人怎么看,只是为了这个东西本身的缘故而喜欢它,那么他就会因为这一事实,对我们最巧妙的攻击有了免疫力。你应该千方百计地让病人离开他真正喜欢的人、真正喜欢吃的东西和真正喜欢读的书,让他去结交"最优秀"的人、吃"正确"的食物、读"重要"的书。我就认识一个这样的人,他抵制住了在社交上的雄心抱负的强烈诱惑,原因是他更嗜吃猪肚和洋葱。

我们如何消弭这场灾难于无形,仍旧有待斟酌。重要的是不要让他采取任何行动。不管他对这次悔改有多么重视,只要他不把这次悔改转化成行动,就没有什么大碍。就让这小畜生沉溺于悔改中吧。他如果喜欢写书,那就让他写一本关于这次悔改的书好了。这往往是打压仇敌在人类灵魂里所播种子的绝佳手段。他做什么都可以,只要不把悔改付诸行动就行。我们若能把敬虔排除在他的意志之外,那他想象和感情当中的敬虔就不会对我们有任何害处。

有一个人曾说过,重复可以增强主动习惯,削弱被动习惯。他若经常心有所感却不采取任何行动,那么他采取行动的能力就会越变越弱,长此以往,他的感觉也会变得越发迟钝起来。

*疼爱着你的叔叔*

*私酷鬼*

14

亲爱的瘟木鬼：

上次你对病人的评估报告中，最让我担心的一点就是，他不再像最初归信时那样自信满满地立志了。我从所收集的情报获悉，他不再信口开河地承诺自己会永远持守美德；他甚至不指望自己能够不费吹灰之力就能领受生命的"恩典"，他只希望每时每刻都能有一点儿微薄力量来面对那一时刻的诱惑。这真是糟透了。

我看目前只有一件事好做。你有没有让你的病人注意到，他自己已经变得谦卑起来了？一旦一个人意识到自己具备何种品德，对我们而言，那种品德就没那么可怕了，一切品德概莫能外，不过，这招对谦卑特别管用。在他真正虚心起来的那一刻，要把他一把抓住，并在他脑子里偷偷塞入"哎呀！我变得谦卑起来了"这样欣慰的念头，而骄傲——对于自己谦卑的骄傲——几乎立刻就会出现。如果对此危险他有所警觉，企图压抑这种新型的骄傲，那就让他对自己这种压抑骄傲之感的企图感到骄傲好了，如此这般，你尽可以一直这样与他缠斗下去。但是这招不要用太久，免得唤起了他的幽默感和分寸感，那样一来，他就只会把你嘲笑一番,然后上床睡觉去了。

不过,让病人专心注意自己的谦虚品德,我们另有妙招。仇敌想要通过谦卑以及其他所有德性,把这个人的注意力从自我转到祂和周围之人的身上。所有那些卑屈和自厌最终都是在为这一目标服务;如果它们还没有达成使人脱离自我这一终极目标,就几乎对我们没什么害处;而这些卑屈和自厌若使人不住地关注自我,甚至还会对我们有好处呢,最重要的是,这种自我贬低可以被用来引出对他人的贬低,因此也可以成为忧郁消沉、尖酸刻薄、冷酷无情的起点。

所以你千万不要让病人知道谦卑的终极目的。要让他以为谦卑不是忘记自我,而是对自己才能和性格的某种评价(即一种较低的评价)。我根据情报了解到,那病人的确挺有才华的。要在他脑子里树立起一种观念,即谦卑在于试图相信他的才华比自己所认为的更微不足道。毫无疑问,他那些才华的确没有他所想的那样有价值,但这不是重点。最好让他重视一种评价,不是因为这评价符合事实,而是因为它符合某种品德,这样一来,就可以在他这种原本有可能蜕变为美德的品格中播下欺骗和虚伪的种子。我们用这种办法使成千上万的人以为,谦卑就是漂亮女人竭力相信自己丑陋,聪明男人力求把自己想成是傻瓜。由于他们试图相信的事情有时显然是荒谬可笑的,所以根本不可能成功,于是,我们就有机会让他们竭力去做那不可能做到的事情,使他们的心思没完没了地围着自我打转。要想揣测仇敌的策略,就一定要仔细推敲祂的目标。仇敌想让人类有这样一种胸襟:他有能力设计出世界上最好的大教堂,知道这个大教堂是最好的,并为这一事实而感到欣喜,如果别人做成了这件事,他会感到高兴,而且高兴程度不会比他自己完成这件事多半分(或少半分)。仇敌希望他最终能从一切利己的偏见中解脱出来,以至于他可以像为周围之人的才华高兴一样,怀着感恩之心,坦然地为自己的才华感到欣喜,这欣喜与他满怀感恩地欣赏日出、大象或瀑布的那种喜悦没有什么两样。祂希望每一个人最终都能认识到,所有受造物(甚至包括他自己)都是荣耀而优秀的。祂想要尽快铲除他们那种动物性的自爱,不过,他的长远策略恐怕是要归还给他们一种新的自爱——一种对所有个体(包括他们自己)的仁爱和感激之情;他们若真的学会了爱邻如己,就将会得到许可去爱己如邻。因为我们绝不该忘记仇敌那最讨厌、最不可理喻的特点:祂真的爱自己造出来的那些身上无毛的两足动物,对于从他们身上拿走的东西,祂总是左手取右手还。

因此,祂要尽力使人不把其自身的身价放在心上。祂宁愿一个人把自己看成是一个伟大的建筑师或诗人后就把这个念头抛在脑后，也不愿意那人花大量时间、忍受极大痛苦来竭力把自己想成是个蹩脚的建筑师或诗人。你把极度自负或假谦卑渗透到病人意志中去的这一举动将会受到仇敌那边的抵制，仇敌将会用一种浅显易懂的方式来提醒病人，一个人根本不需要对自己的才华发表任何意见，因为他大可以在不关心自己名声有多响的情况下，倾尽全力地追求上进，使自己的能力臻于完善。你得要不惜一切代价，防止这一提醒进入到病人的意识层面。还有一种教导，仇敌尽力要让病人信以为真，而他们虽然口口声声地承认，却发现在情感上很难完全接受这一教导，即他们不是由自己创造出来的，他们的才华是仇敌赐下的，因此，与其夸口自己的才华，倒不如为自己头发颜色而自鸣得意一番呢。但是，仇敌一贯的目标是无论如何都要让病人不再去想那些问题，而你的目标则是使他在那些问题上纠缠不休。

连病人的罪，仇敌都不希望他想得太多；一个人在悔罪之后，越早把注意力转向外部世界，仇敌就越高兴。

*疼爱着你的叔叔*

*私酷鬼*

## 15

亲爱的瘟木鬼：

人类自己天真地称为"世界大战"的欧洲战争渐渐沉寂下来，这我当然注意到了，而病人的焦虑也相应地有所缓和，我也并不觉得惊讶。那么我们是鼓励他这样下去，还是让他继续忧虑呢？扭曲的恐惧和愚蠢的自信这两种精神状态都合我们的心意。我们在两者之间所做选择则会引出一些重要的话题。

人类生活在时间里，而我们的仇敌却命定他们进入永恒。我推想，因此祂希望他们主要专注于两件事情，一是永恒本身，二是他们称为现在的那个时间点。因为现在是时间触及永恒的那一瞬间。人类对现在这一刻的感受，有些类似于我们仇敌对整个真实的体会，也只有当下的感受能瞥见整体的真实；唯有在当下，他们才能得到自由和现实。因此，祂使他们连续不断地关注永生（这就意味着关注祂）或现在——也就是说，他们要么沉思于自己和祂之间永远的合一或隔绝，要么听从良心现在的声音，背起现在的十字架，接受现在的恩典，为着现在的快乐而感恩。

我们的工作就是要让他们离开永恒，脱离现在。因此，我们有时候会诱使一个人(例如一个寡妇或一个学者)生活在过去。但是这种做法价值有限,原因在于他们对过去多少有些实际的认知,而且过去本质上的固定不变到了一个地步,致使它看起来就像永恒一样。更好的做法是使他们活在未来。基于生理需要,人类所有热情都早已指向那个方向,所以对未来的憧憬会激发出希望和恐惧。此外,未来对他们来说是个未知数,所以我们可以利用他们对未来的憧憬来让他们去想那些不着边际的事情。总之,在一切事物中,和永生最不相像的就是未来。它是最捉摸不定的一段时间——因为过去已经冻结,不再流转移动,现在则有永恒之光照亮。这是为什么我们一直以来提倡类似创造进化论①、科学人文主义②这样的思想

---

① 法国哲学家亨利·柏格森(Henri Bergson, 1859－1941)在《创造进化论》一书中提出这一理论。柏格森的创造进化论认为整个世界处于进化过程之中,而进化过程就是生命冲动的绵延,就是"生命冲动的不断的创造过程,而生命冲动就是精神,也就是上帝","生命冲动(即精神,上帝)是意识绵延的原动力,它内在于意识,使意识作用于物质,战胜物质,这也就是创造和进化"。——译注

② 代表人物为乔治·萨顿(George Sarton, 1884－1956),他认为科学不但本身具有人性,而且"我们必须使科学人文主义化,最好是说明科学与人类其他活动的多种多样关系——科学与我们人类本性的关系。这不是贬低科学;相反的,科学仍然是人类进化的中心及其最高目标;使科学人文主义化不是使它不重要,而是使它更有意义,更为动人,更为亲切。"其本质为建立在科学基础上的人文主义。——译注

体系,因为它们可以把人的感情牢牢固定在未来这一变化莫测之核心当中。这是为什么几乎一切罪恶都扎根于未来。感恩是在回顾过去,爱着眼于现在,恐惧、贪财、色欲和野心则眺望着未来。不要以为色欲是个例外。当下的快感一出现,这个罪①(我们只对这个感兴趣)就完成了。在这一过程中,快感只不过是让我们扼腕的环节而已,要是没有快感也能促成这罪,那我们肯定就会把快感去掉。快感是仇敌添上去的,因此是在当下体验。罪则是我们的功劳,它眺望着未来。

诚然,仇敌也希望人们去想想未来——为了现在计划安排那些明天很可能成为他们责任的公义或仁爱之举,只要想那么多就够了。计划第二天的工作是今天的责任;这个责任虽然取材于未来,却存在于当下,和其他一切责任没什么两样。这不是在钻牛角尖。祂不希望人们把心交给未来,把财宝②放在未来。而我们却恰恰希望他们这样做。祂的理想是,一个人在为了子孙谋福利(若这是他的职业)而工作了一整天之后,把所有工作上的问题都抛开,把忧虑交托给上天,然后马上回转到他现在所需的忍耐或感恩中

---

① 原文为"the sin"。——译注
② 原文为"treasure",参见圣经《马太福音》6:21"因为你的财宝在哪里,你的心也在那里。"——译注

去。而我们却希望一个人被未来压得喘不过气来,他幻想着天堂或地狱很快就将出现在地上,并饱受这一幻想的折磨;我们希望他做好准备去违背仇敌现在的命令,并且让他以为自己只要这样做,就可以进天国或免于下地狱;我们希望他把信心建立在一些计划的成败上面,而这些计划的结局是他有生之年根本无法看到的。我们希望全人类终其一生都去追寻一些海市蜃楼,在当下永远不诚实、永远不良善、永远不快乐,只把现在赋予自己的一切真实恩赐充作燃料,堆积在为未来而设的祭坛上。

总之,如果其他条件不变的情况下,结论就是:不要让你的病人活在当下,要使他对这场战争焦虑不安或充满希望(至于是哪一种,倒是无关紧要的)。不过"活在当下"这个词有些模棱两可。它可以用来描述一个过程,与未来的相关度其实并不亚于忧虑本身。你那病人可能对未来一无挂虑,不是因为他专注于现在,而是因为他说服自己相信,未来将会是一帆风顺的。如果那是他平静下来的真正原因,那这种平静反而会对我们有利,因为它只会在虚幻的希望破灭之前,帮他把失望越堆越高,从而不耐烦也越积越多。倘若情况相反,他知道那些可怕的事情有可能会发生在自己身上,于是开始祷告,祈求自己能具备各种品德来面对那些事情,而与此同时,因为只有现在才是一切责任、一切恩典、一切知识和一切快乐的所在,所以他使自己连于现在。这种心态极为讨厌,应该立刻予以攻击。在这里,我们的语言学部队又打了一个漂亮仗;你可以试着把"安于现状"这个词加在他身上。话又说回来,他"活在当下",很有可能不是出于上述任何原因,只不过是因为他现在身体健康、工作愉快罢了。那这平静纯粹就是一种自然现象。如果我是你的话,我仍旧会去破坏它,因为没有一种自然现象会真正对我们有利。况且,这个被造物凭什么就该快乐起来呢?

疼爱着你的叔叔

私酷鬼

# 16

亲爱的瘟木鬼：


在你上一封信中，提到这个病人自从信教以来就一直固定去一个教会，而他其实对那教会并不完全满意，对此你只是一笔带过。我真要问问，你到底是干什么吃的？他对这个教区①的教会那么忠诚，原因何在？我为什么没有收到你关于这个的报告？难道你不知道，除非他觉得去哪个教会都无所谓，否则对教会忠心是一件极为严重的事情？你想必知道，如果一个人去教会这毛病无法根治，那就该退而求其次，打发他在附近四处寻找"适合"他的教会，直到他成为一个教会的品尝师和鉴赏家为止。

道理很简单。首先，教区是按照地域而非个人喜好把那些阶层、性格迥异的人按照仇敌的心意团结了起来。相反，公理会原则②把各个教会变得有点像俱乐部一样，如果一切顺

---

① 原文为"parish"，是指一个本地教会的服务覆盖区域。英国圣公会亦把教区作为行政区域划分单位。——译注
② 即"congregational principle"，起源于16世纪的英国，与教区制相对的一种体制，在教会组织体制上主张各教会独立，会众实行自治。——译注

利,它最后就可以把各教会变成个小宗派或是一个排外的小圈子。其次,仇敌希望人在教会里做小学生,而寻找一个"合适"的教会使这个人变得对教会挑三拣四起来。祂固然希望教会里的平信徒在拒绝那些错误或无益之事方面可以挑剔一些,但是,祂还希望他们能以不批评论断的方式具备一种完全包容的态度——不去浪费时间想自己到底排斥哪些东西,而是保持开放的态度,不做任何评论,谦卑地接受一切正在进行的牧养。(你看看,祂多么地卑下,多么不属灵,真是低俗得不可救药!)特别在讲论的时候,这种态度会创造出一种能使人类灵魂把陈词滥调都听进去的环境(一种对我们通盘策略危害最大的环境)。如果病人以这种受教的心态去听或去读,那对我们而言,几乎任何一次讲论或任何一本书都是凶险万分的。所以拜托你打起精神,尽快领这个傻瓜到周围的各个教会逛逛。到目前为止,你的记录还从未让我们有多么满意过。

我在办公室里查了离他最近的两个教会的材料。两个教会都有一些地方是归我们所有的。其中第一块领地在第一所教会,那里的教区牧师为了使一群他以为会抱怀疑态度且顽固不化的会众更容易接受信仰,长期以来一直致力于往信仰里掺水,而今,不是他的信仰让人惊讶,倒是他的不信让教区居民感到震惊。他使很多灵魂的基督教信仰由于根基毁坏而逐渐淡化。他主持的那些礼拜同样让我们拍案叫绝。为了让那些还不信的人免于遭遇任何"困难",他已经把《读经集启应文》①和所配搭的赞美诗弃而不用,现在正不知不觉地在他最喜欢的15首赞美诗和20篇讲论里无休止地循环往复、原地踏步。因此我们大可放心,不用怕他和他所带领的会众会透过圣经学到任何他们不熟悉的真理。话又说回来,也许你的病人现在还没有傻到会去这个教会的地步——或许以后有去的可能?

在另外一所教会里,我们有史百可神父②。人类常常捉摸不透他那些观点的范围所在——为什么前一天他差点成为共产主义者,第二天就摇身一变,几近于某种神权政治的法西斯主义;前一天他还是一个经院哲学家③,第二天就准备好全盘否定人类一切理性;前一天还沉醉于政治学④,第二天就宣告世界上所有的国家都同样在"审判之下"。我们当然清楚其中的关联,那就是憎恨。这个人无法勉强自己去

---

① 一种《圣经》经文集,供聚会时宣读。有各种版本,其共同之处在于所选经文覆盖了大部分圣经教义,较为系统全面。——译注
② 这里用的是 Fr. 称呼,他应为一位天主教神职人员。——译注
③ 经院哲学是以逻辑即辩证学的方法探究基督教理,是要取得救恩的内在确据,是一种对教义理智上的理解,较为注重理性,往往强调国家的主体性。——译注
④ 政治学是关于治理一个主体(例如国家)的艺术或科学,研究内容包括处理主体的内部管理和控制内外事务的方法。——译注

教导那些不会让他的父母以及父母的朋友们震惊、难过、困惑和丢脸的内容。只要是那种人能认可的内容，对他而言都是平淡无奇、味同嚼蜡。他还有一种很有出息的虚伪性格。我们正在调教他，使他把"我几乎可以肯定最近我在读马利坦①或者是那类人的作品"这一真实想法，说成是"今天教会讲论的内容是……"不过，我可要警告你，他有一个致命的缺点：他真的相信仇敌。这一缺点有可能会让我们功败垂成。

不过，有一个优点是这两个教会共有的——它们都是宗派教会。我记得以前曾告诫过你，如果不能阻止你的病人去教会，就应该至少让他狂热地支持教会的某个宗派。我说的可不是在真正的教义问题上面分党；他对那些教义越不关心就越好。况且，我们主要不是靠教义来制造嫌隙。有些人把掰饼聚会称为"弥撒"②，有些人称之为"圣餐礼"③，他们根本无法以任何形式陈述教义（例如胡克④思想和托马斯·阿

① 马利坦（Jacques Maritain，1882－1973），法国天主教哲学家，是新托马斯主义（Neo-Thomism）的代表人物。——译注
② 这里指的是英国圣公会的高派教会。他们仍沿用"弥撒"这一称呼。——译注
③ 这里指的是英国圣公会的低派教会。——译注
④ 胡克（Hooker·Richard，1553？－1600），英国基督教神学家，他的《论教会体制的法则》（1594年）是英国圣公会神学的核心组成部分。——译注

奎那①思想)之间的区别,也无法坚持自己的观点超过五分钟,在这两派人当中挑拨离间才是真正好玩的事情哩。所有诸如蜡烛、服装这类纯属鸡毛蒜皮的事情是我们娱乐消遣的绝妙场所。我们已经使人把保罗这个伤风败俗的家伙说过的话忘得一干二净,他过去经常在关于食物和其他琐事的问题上有所教导②——即那些心里并无不安的人要让着心里软弱的人。你总是以为,他们不可能不理解怎么去应用。你总是以为,"低派"的牧师会让自己屈膝跪下并在胸前画十字,唯恐他使"高派"弟兄的软弱良心陷入不敬虔,而"高派"神父则会节制这些修行,免得他把自己"低派"的弟兄引入拜偶像的歧途。多亏了我们夜以继日地工作,上述情形才免于发生。如果没有我们那些努力,在英国圣公会里各样仪式的多样性早就成为滋生仁爱和谦卑病菌的温床啦!

*疼爱着你的叔叔*

*私酷鬼*

---

① 托马斯·阿奎那(St. Thomas Aquinas,1225－1274):中世纪经院哲学的哲学家和神学家,自然神学最早的提倡者之一,也是托马斯哲学学派的创立者。——译注
② 保罗的教导参见圣经《哥林多前书》8:1－13。——译注

17

亲爱的瘟木鬼：

　　你在上一封信中提到用贪馋这一招来捕获灵魂时，很是鄙夷不屑，这只暴露出了你的无知而已。在过去一百年间，我们最大的成就之一就是让人在这个问题上面失去辨别力，所以到目前为止，你在整个欧洲几乎都找不出一篇关于贪馋的讲道，也几乎找不到一个人因为嘴馋而良心不安。之所以这样卓有成效，很大程度上是因为我们把所有工夫都花在对美食的垂涎上，而不是在暴饮暴食上。我在档案里查到，你那个病人的母亲就是一个很好的例子，或许你已经从咕剥鬼那里有所耳闻了。她如果知道自己一辈子都在受这种感官享受的奴役，可能会大为震惊。会有那么一天的，我对此满怀希望。这种感官享受所涉及的食物量很少，所以她才会被完全蒙在鼓里。只要我们可以用人类的口腹之欲来制造牢骚、不耐烦、无情和自私自利，量少又有何妨？咕剥鬼把这个老妇人牢牢地掌控在自己手中。对女主人们和仆人们来说，她绝对是一个讨厌的人。给她端上食物之后，她总是别过脸去，故作端庄地小声叹一口气，微笑着说："哦，拜托，拜托……我想要的只是一杯茶和一丁点儿烤面包片而已，茶要淡一些，但不要太淡，面包片要脆一点。"你明白了吗？因为她想要的比摆在她面前的食物要少，花费要小，所以她永远不会意识到，自己置麻烦别人于不顾而决意要得到自己想要的东西，也是贪馋。在她放纵自己食欲的那一刻，她还以为自己正在操练节制。在挤满顾客的餐馆里，疲倦不堪的女服务员把食物摆在她面前，她对着这盘子发出一声小小的尖叫，说道："噢，太多了！把这个端回去，我只要四分之一那么多就行了。"若对方有异议，她会说这么做只是为了避免浪费；而真正的原因其实是：我们已经使她受制于自己对特定精致度的追求，看到那些端来的食物比她碰巧需要的量多，她觉得自己的精致度受到了侵犯。

这个老妇人的肚腹现在已经完全控制了她的生活，咕剥鬼长年以来在这老妇人身上默默地做着不起眼的工作，其真正价值可见一斑。这个妇人现在处于一种可以称为"我只是想要……而已"的精神状态中。她只是想要一杯泡得恰到好处的茶而已，或者只是想要一个煮得恰到好处的鸡蛋而已，或者只是想要一片烤得恰到好处的面包而已。但是她从来没有发现任何一个佣人或朋友能够把这些简单的事情做得"恰到好处"——因为在她的"恰到好处"当中隐藏着一种贪得无厌的需要，要求得到她想象当中自己过去记忆里那种精准且几乎无法满足的味觉快乐；她把过去那段时间称为"你可以找到好佣人的日子",但我们知道,她的感官在那段时间更容易取悦,在那些日子里,她还有其他的快乐,这使她不那么依赖餐桌上的享受。如今,日积月累的失望使得她每天脾气都很糟:厨娘辞职不干,朋友日渐疏远。如果仇敌让她怀疑自己对食物的兴趣是否有些过分,咕剥鬼就会打消这一丝疑虑,暗示她说,其实她并不在乎自己吃什么,但"的确想让她的儿子吃得好"。当然,多年以来,她对食物的过度要求其实一直是他在家里感到不自在的主要原因之一。

有其母必有其子。你在其他阵线上奋力拼搏固然很对,但与此同时,也千万不要忘记在贪馋方面悄悄地做一点渗透工作。他身为男人,不太可能落入"我想要的只不过是……而已"这个圈套。最佳办法是借助男人的虚荣心来把他们变成贪馋之人。要让他们认为自己对饮食很有见识,让他们发现城里唯有一家餐馆把牛排烧得"恰到好处",并让他们为这一发现而沾沾自喜。你可以把这起初的虚荣心渐渐转化为癖好。但不管用什么手段,你最好能让他对一样东西上瘾(至于是哪种东西倒是无关紧要,香槟、茶、烤鱼、香烟都可以),离开这样东西就是"要了他的命",到了那个时候,他的仁爱、公义、顺服就全都任由你摆布了。

比起嗜好美食来,单纯的暴饮暴食价值可就少多了。

它主要的用途是为攻击贞洁准备好进攻的炮弹。在这方面，要让你的病人保持一种错误的属灵状态。永远也不要让他注意到生理因素。让他一直想不通，到底是哪一种骄傲或者信心缺乏致使他落到你手里。其实只要简单地回想一下自己过去24小时里吃喝的东西，他就会知道你的弹药来自于何处，然后只要对饮食稍加节制，就能截断你的运输路线了。如果他非要去考虑在性方面守贞的生理因素，你就可以搪塞他说，过度运动和随之而来的疲倦特别有利于守贞，这是我们已经让英国人信以为真的大谎言。即便有水手和士兵在好色淫荡方面声名狼藉的这一事实摆在面前，他们居然还能相信这个，倒是很可以去问问他们原因何在。不过，我们曾利用学校里的老师们来散布这个谎言——那些男人推荐通过举行体育比赛来节制性欲，其实他们只是把节制性欲当作举行各种比赛的借口罢了，对守贞根本不感兴趣。但是整件事情太过庞大，绝非能用三言两语在信尾讲清楚的，所以只好就此搁笔了。

疼爱着你的叔叔

私酷鬼

18

亲爱的瘟木鬼：

性诱惑这个常规技巧，即便是噬拿鬼当院长，学院想必也不会不教你。鉴于这整个学科对我们这些灵来说真是沉闷透顶（虽然这是我们课程里的必修课），我还是略过不谈了。不过，我认为在性诱惑所涉及的那些更为重大的课题方面，你还有很多东西要学。

仇敌向人类所提出的要求让他们左右为难：要么彻底禁欲，要么遵行绝对的一夫一妻制。自从我们的父第一次取得重大胜利①以来，我们就已经使人很难做到前者。至于后者，在过去的几个世纪中，这条躲避性诱惑的出路被我们堵得越来越窄。我们之所以能够做到这点，是因为我们通过诗人和小说家来说服人类，只有他们称之为"恋爱"的那种非同寻常、往往只是昙花一现的感觉才是婚姻高尚的唯一基础；婚姻能够而且也应该让这种激情持续到永远；一个无法维持激情的婚姻就不再具有约束力。这种爱情至上

---

① 指的是撒旦诱惑人违背神的命令，吃了分别善恶树上的果子，后被逐出伊甸园。请注意，这里的禁果并不是指性。（参见圣经《创世记》3：1—24）——译注

的信念是我们对一个来自仇敌观念的戏仿①。

整个地狱哲学的根基建立在一个公理之上，即此物非彼物、是己则非彼。我的好处归我，而你的好处归你。一个自我的所得必为另一自我的所失。连非生物的存在，也是通过把所有其他物质排除在它所占空间之外而实现的；如果它要扩张，就要把其他物质排挤到一边，或者是把其他物质吸收为自己的一部分。一个自我亦是如此。这种"吸收"对于野兽而言，是以撕咬吞食的形式出现；对于我们而言，这就意味着一个弱者的意志和自由被一个强者吞没。"存在"就意味着"竞争"。

然而，仇敌的哲学却偏要不断地企图规避这个一目了然的真理。祂旨在制造一个矛盾体：万物既多种多样，却又莫名奇妙地归于一体。一个自我的好处同样会让另一个自我受益。祂把这种不可能的事情称为爱。我们在祂所做的一切事上，以及祂所是或祂自己宣称祂所是的一切内容中，都可以嗅到这枚单调乏味万灵丹的药味。因此，连祂自己都不满足于只是纯粹算术意义上的一。于是祂声称自己是

---

① 原文为"parody"，意义与中文的"恶搞"更为接近，但它是正式用语，指的是一种艺术手段，通过夸张而滑稽地模仿一种严肃主题，建构出喜剧或讽刺效果，在当代流行文化中很常见。——译注

三①,同时也是一②,好让这种关于爱的无稽之谈在祂三位一体属性里找到立足点。另一方面,祂引入了有机体③这个淫亵的发明,在有机体中,各个组成部分逆转了它们竞争的自然命运,被迫进行相互合作。

只要看看祂是怎样对性加以利用的,就可以一眼识破祂把性设定为人类繁衍后代方法的真正动机。从我们的观点来看,性本该是单纯的。性本来只应该是一个强者猎取另一个弱者的又一模式而已——实际上应该像蜘蛛一样,在交配之后,蜘蛛新娘通过吞食自己的新郎来完成婚礼。但在人与人之间,仇敌却多此一举地把性欲和双方之间的感情扯到了一起。他还让儿女必须依赖父母,又给了父母一种抚养儿女的冲动——这样就产生了家庭,家庭就像个有机体,甚至有过之而无不及;因为尽管每个家庭成员更具独特性,然而却同时以一种更加自觉而尽责的方式结合在一起。事实证明,仇敌硬要把毫不相干的爱牵扯进来,其实这一切只不过是祂又一个爱的载体而已。

现在笑话来了。仇敌把一对夫妇描述为"一体"。祂没

---

① 即上帝的三个位格,圣父,圣子,圣灵。——译注
② 即上帝的三个位格为同一本体,同一本质,同一属性。——译注
③ 原文为"organism",有一个内部各组成部分相互依存的体系之意。——译注

有说"一对婚姻幸福的夫妇"或"因相爱而结婚的夫妇",不过你可以使人类对此不予理睬。你还可以让他们忘记,他们称为保罗的那个人并没有把"一体"局限在已婚夫妇之间。保罗认为,单单发生性关系就有"一体"之实了①。因此,你可以使人类把对性交真正含义的平实描述当成是"恋爱"的华美颂歌。实际上,一个男人只要和一个女人上床,不管他们喜不喜欢,在他们之间就会建立起一种超验②关系,他们要么永远享受这种关系,要么永远忍耐这种关系。这种超验关系本来是用来制造感情和家庭的,而且人若听命顺服地进入这种关系,往往也会产生感情并建立起家室,你可以让人类从这个真命题出发,推出错误结论,让他们把感情、恐惧和欲望的混合体称为"恋爱",认为只有"恋爱"才能让婚姻幸福或者圣洁。要制造出这种误解并不难,因为在西欧,"恋爱"的确经常发生在顺服仇敌设计而缔结的婚姻之前,也就是说,"恋爱"发生在为彼此忠贞、为传宗接代和良善愿望而缔结的婚姻之前;就像宗教情怀虽然经常伴随着归入信仰而生,却也并不总是与其同步的。换句话说,仇敌其实是把"恋爱"作为婚姻的结果应许给人类,而你则

---

① 该教导参见圣经《哥林多前书》6:15—17。——译注
② 原文为"transcendental",又可译为"先验",即超出人类知识、经验和理性范围,常常有宗教或灵性内涵。——译注

要把"恋爱"涂上浓墨重彩并加以扭曲,鼓励人类将之视为婚姻的基础。这样会有两个好处。首先,可以使那些没有禁欲恩赐的人因为自己还没有"恋爱"的感觉,就怯于以婚姻作为满足性欲的解决之道,而且多亏了我们,他们才会认为除了恋爱之外,为任何其他动机结婚的想法似乎都是卑鄙而自私的。是的,他们就是那么想的。若一种伴侣关系是出于相互扶持、持守贞洁、传承生命而缔结的,他们就会认为忠于这样的关系是低俗的,不如出于一阵短暂的激情而结成的伴侣关系来得高贵(别忘了要让你的病人对婚介所产生极大反感)。其次,任何性欲迷恋,只要有结婚的意向,都会被视为"爱情",而如果一个男人娶了一个非基督徒,一个傻瓜或一个荡妇,"爱情"可以为他脱卸一切内疚感,并且让他免于承担一切恶果。然而其中好处还未道尽,下一封信中再叙吧。

疼爱着你的叔叔

私酷鬼

## 19

亲爱的瘟木鬼：

你在上一封信中提出的那个问题让我苦思良久。我曾经清楚地阐明，所有自我本身固有的特性就是竞争，因此仇敌所标榜的爱是一种自相矛盾的说法，若果真如此，那我为何又再三警告说祂真的爱那些人类寄生虫并希望他们得到自由和永生？乖侄儿，我希望你没有把我那封信拿去给其他魔鬼看。当然，这根本不打紧。任何一个魔鬼都看得出来，表面上我似乎落入了异端邪说的陷阱，而这纯属无心之过而已。顺便提一下，我希望你也能理解，我那些贬低噬拿鬼的话纯粹是在开玩笑。我其实对他怀有最崇高的敬意。我还说不会在上司面前回护你，当然这话你也千万别当真。你尽可放心，我一定会挺身维护你的利益。不过，还是要把所有信件锁上，务必妥善保存。

其实，我只不过是一不小心说漏了嘴，才会讲仇敌真的爱人类。那当然是不可能的事情。祂是一个存在①，而他们是独立于祂的。他们的好处不可能成为祂的好处。祂所

①　原文为"being"。——译注

有那些关于爱的空话一定是为了掩饰另一种东西——祂创造他们，还为他们费尽心思，这背后一定藏有某种真正的动机。正是因为我们无法查明其真正动机，大家才会容易偏题，谈起来好像祂真的拥有这种不可能存在的爱一样。他一意孤行地要把他们打造成什么样子？这个问题仍旧悬而未决。告诉你也无妨，这个问题恰恰是我们的父和仇敌反目成仇的一个主要原因。早在创造人类这一计划还在讨论阶段的时候，仇敌就毫不客气地承认，祂预见到将会有十字架那一出戏，很自然地，我们的父就找上门去，要祂解释一下。仇敌根本没有回答，只是编了一个关于无私之爱的荒唐故事来搪塞，这个谣言自那以后就一直被祂四处散布。我们的父当然无法接受这一解释。它恳请仇敌有话直说，并给足了机会来让祂摊牌。我们的父坦言自己真的非常渴望知道这个秘密；仇敌回答说"我衷心希望你能明白"。我猜想，我们的父对这种毫无来由的不信任感到恼火，于是在谈话落到这步田地的时候，它忽然在仇敌面前消失，用无穷大的距离把自己与仇敌隔绝开来，这还引出了仇敌那个可笑的故事，说我们的父当时被强制性地摔出天堂。① 自那

---

① 撒旦被摔出天堂的故事参见圣经《以赛亚书》14：12－17，《以西结书》28：11－19。——译注

以后,我们就明白过来那个压制我们的暴君①为何如此诡秘。祂的王位靠的就是这个秘密。祂那个小团伙屡次供认,只要我们理解祂所说的爱是什么意思,这场战争就会结束,我们就会再次进入天堂。难就难在这里了。我们知道祂不能够真正去爱:没有谁能真正去爱:这根本说不通。我们要是能查出祂到底在搞什么名堂就好了!我们试遍了各种各样的假设,还是了无头绪。但我们永远不会绝望;我们会想出越来越精妙的理论,收集越来越多的资料,给那些有进展的研究者越来越丰厚的奖赏,对那些无法有进展的研究者施加越来越严酷的惩罚——精益求精、再接再厉,直至时间的尽头,我确信这一切绝不可能不成功的。

你抱怨我在上一封信里没有讲清楚,一个人进入恋爱这种精神状态到底是好事还是坏事。不过说真的,瘟疫鬼,这种问题应该让他们去问才对!就让他们去讨论"爱情"是"对"还是"错"好了,或者让他们去评判爱国主义、独身主义、在祭坛上点蜡烛、绝对禁酒主义、教育这类事情②的是非对错。你难道不知道这些都是根本没有答案的?要紧的是在特定的环境下,在某个特定的时刻,一种精神状态会使

---

① 原文为"Oppressor",这里的暴君指的是上帝。——译注
② 此处作者列举的是当时社会上一些颇具争议性的话题。——译注

一个特定的病人靠近仇敌呢,还是离我们近一些;除开这一点,那些是非对错全都是无所谓的。因此,让这个病人去评判"爱情"到底是"对"还是"错"对我们非常有利。如果他傲慢自负,对属肉体的事鄙夷不屑,自以为这是出于纯洁,其实是因为他自己弱不禁风——如果他总喜欢对旁人赞同的事嗤之以鼻——那一定要设法让他唾弃爱情。要把自以为是的苦行主义逐渐渗透到他的心思意念中,然后,等你把他性欲中的人性泯灭之后,就要用某种更具兽性和侮蔑性的性欲来压住他。另一方面,如果他是一个感情用事的轻信之人,那就给他灌输守旧派的蹩脚诗人和下三流小说家的作品,直到令他相信"爱情"是不可抗拒的,无需任何理由,单单爱情本身就已配得称颂。我向你保证,这种信念在制造一夜情方面并没有多大帮助;但它的确是制造那种藕断丝连、"高贵"、浪漫、悲剧性通奸的绝妙良方,如果一切进展顺利,这种通奸将以谋杀和自杀收场。这种观念即便没有让病人开始一段不伦之恋,也可以驱使他进入到一个有用的婚姻里去。因为婚姻虽是仇敌的发明,却仍可派上用场。在你那病人住处附近一定会有几个年轻女人可以使他的基督徒生活难度倍增,只要你能够说服他娶其中的一位就行了。请在下一封信中给我作一份关于这方面的报告。同时,在你自己心里一定要非常清楚,这种坠入爱河的状态本身不一定对我们有帮助,另一个阵营也未必捞得到什么好处。这只是一个我们和仇敌都在尽力挖掘的机会而已。其他诸如健康与疾病、衰老与青春、战争与和平这些能激起人类热心的事物,从属灵生命的角度来看,大体上只不过是原材料而已。

*疼爱着你的叔叔*

*私酷鬼*

## 20

亲爱的瘟木鬼：

目前，你对病人性贞洁方面的直接攻击被仇敌强制性地拦截下来，我对此极为不满，现已记录在案。你本该知道仇敌总是在最后关头出手，所以就应该适可而止，见好就收。这下可好，你的病人在目前情况下发现这些攻击不会永远持续下去的危险真相；无知的人类会以为自己根本没有摆脱我们的希望，只有举手投降一条路可走，这原本是我方最厉害的武器，在病人发现真相之后，你就再也无法使用它了。我猜想，你尝试过说服他相信持守贞洁有害健康，对吗？

我还没有收到你关于病人家附近那些年轻女人的报告。这个报告我马上就要，因为我们若不能利用他的性欲来使他犯奸淫，就一定要设法运用性欲来为他促成一个理想的婚姻。同时，如果我们最多只能做到让他"坠入爱河"，那我就要给你一些指点，让你知道要鼓励他和哪一种类型的女人（我指的是身体类型）坠入爱河。

当然，那些在冥界更深处的魔鬼们已为我们快速而高效地解决了这一问题。这些伟大魔头们的职责就是在每一个时代制造出一种所谓的性"品味"，对性进行全面误导。

他们通过流行艺术家、时装设计师和广告人这一小撮决定时尚造型的人来开展工作。目标是让每个人远离那些最有可能结成于灵性有益、幸福美满、能繁衍后代的婚姻的异性。因此，近几个世纪以来，我们都胜过自然，使得男性的某些第二性征（比如说胡子）落到几乎被全体女性排斥的地步——在这方面，还有一些东西是你绝对想不到的。至于男性的品味，我们做过很多种改变。在一个时代，他们的性欲被我们引向那种如雕像一般有贵族气质的美女，我们把男人的虚荣心和欲望糅合起来，鼓励他们挑选那些最为傲慢和挥霍成性的女人来繁衍后代。在另一个时代，我们挑选了一种女性化被过度夸大的那种类型，她们娇弱无力到了随时会晕倒的地步，这样一来，这种类型女人通常会有的愚蠢、懦弱、造作和狭隘思想就会变得走俏起来。我们当前所采取的手段与之相反。华尔兹时代已被爵士时代取而代之，现在，我们要教男人喜欢那些体形和男孩子几乎没什么区别的女人。由于这种美丽比大多数的美更不持久，我们就可以顺势加剧女性对衰老一直挥之不去的恐惧（由此取得了很多优秀战绩），使她更加不愿意生小孩，同时也降低她的生育能力。这还没有完。我们已经秘密策划，要让社会尺度大大放宽，使那种捏造出来的裸体人像（不是像真人一样的裸体人像）在艺术领域任意表现，在舞台上或海滨浴场里尽情展示。当然,这全都是假的;在流行艺术中的那些人体被画得与真人相去甚远;那些穿着游泳衣或紧身衣的真人其实是被勒紧、支撑起来的,这能使她们看上去既苗条又有男孩子气,而一个自然而然发育完全的女人根本不可能瘦到那个地步。同时,我们却教导现代人相信,这才是"率真"、"健康"、回归自然。结果,我们一步一步让男人的欲望指向某种根本不存在的东西——让眼睛在性欲里扮演越来越重要的角色,而与此同时,使眼睛所渴求的越来越难以在现实中找到。你很容易就能预见到结果会怎样!

　　这就是当前的总方针。但在这个大框架里面,你会发现在引导病人性欲方面仍有两种方向可供选择。如果你认真仔细地研究过男人的心思,就会发现他至少被两种想象中的女人吸引——贤妻良母型的维纳斯和地狱型的维纳斯,而且他的情欲根据其对象的不同在性质上也有差别。第一种类型的女人会使他的欲望自然而然地依顺仇敌心意——那种女人很容易搅和上仁爱,随随便便就听命完婚,披戴着我们唾弃的那种敬虔和自然的金色光环;还有另外一种类型的女人,他如野兽一般地渴望得到她,而且渴望满足这种兽性肉欲,这种类型的女人的最佳用途是吸引他彻底远离婚姻,但即便结了婚,他也会把这种女人当成一个奴隶、一个偶像或一个帮凶来对待。仇敌称为邪恶的那种东西有可能渗入他对第一种类型女人的爱情中去,但这只是意外情况;那男人会希望她不是另外一个人的妻子,而且为自己不能够合法地爱她而感到难过。但在第二种类型的女人那里,他就是要去感受邪恶;他所追求的正是那种"强烈刺激"的味道。在那种女人的脸孔上,有他所喜欢的露骨兽性、冷峻、狡诈和残酷,在她的肉体上,有一种和他素来称为美的类型迥然不同的东西,一种他在神志清醒的时候甚至可能认为丑陋的东西,而通过我们的艺术手法,这种东西可以拨动他隐秘处邪念的那根粗神经。

　　毫无疑问,地狱型维纳斯的真正用途是做妓女或情妇。但如果这个人是个基督徒,而且如果他在关于"爱情"不可抗拒、爱情可以开脱一切罪责这种无稽之谈上受过良好培训,往往就会被诱惑去娶她为妻。这件事情非常值得一做。那时候,你虽然会在通奸和自闭等恶癖方面败下阵来;却仍可以采用其他更为隐蔽的手段,利用性欲把他毁掉。顺便提一下,这些手段不仅有效,而且非常可喜;其所制造出来的那种忧愁经久耐用,简直无懈可击。


*疼爱着你的叔叔*

私酷鬼

## 21

亲爱的瘟木鬼：

没错。施行性诱惑的这段时间很适合对病人的坏脾气发动侧面攻击。只要他认为坏脾气微不足道，你甚至可以将其升级为主要的攻击点。不过，就像其他方面一样，你对坏脾气进行道德袭击之前，先要扰乱他的理智。

单单运气不好并不会激起人们的怒气，只有他们把运气不好看成是一种伤害的时候才会气恼。受伤害的感觉会在合理要求遭到拒绝时产生。因此，你的病人在生活中认为自己理当得到的东西越多，他就越常会有受伤害的感觉，结果，脾气就会越来越暴躁。然后你会看到，若他发现一段本想自己支配的时间被意外剥夺，没有什么比这更容易让他大发雷霆的了。是那位不速之客（当他正想晚上安静一会儿的时候来访），或是朋友那个饶舌的妻子（当他期盼着可以和朋友两人促膝长谈时忽然出现）让他情绪失控。现在他还没有无情或懒惰到认为这些小小的礼节性要求本身就很过分。这些事情之所以会惹他生气，是因为他把他的时间当成是归自己所有的东西，所以觉得别人正在窃取自己的时间。因此，你必须花大力气捍卫他脑子里那个"我的时间归我自己所有"的古怪想法。要让他开始每一天的时候,感觉自己是二十四小时的合法所有者。要让他觉得在这笔财产中,那不得不转让给他雇主的一部分时间是一项极重的税赋,而经他允许用于履行宗教义务的那部分额外时间则是一份慷慨的捐赠。要让他认为,在某种神秘的意义上,抵扣这些支出的时间总体是他自己与生俱来的权利,绝不容他对此有丝毫怀疑。

在这儿,你要执行一项微妙的任务。你要让他一直相信这个假设,而这一假设是如此荒唐,以至于一旦受到质疑,连我们都找不出一丁点可以为它辩护的论据。人既不能创造,也无法挽留时间的一分一秒。时间完全是白白地馈赠给他的;他若把时间看成是归自己所有的东西,那还不如把太阳月亮也当成是他的私有财产呢。还有,从理论上说,他应该全身心地侍奉仇敌;因此,如果仇敌以肉身的方式向他显现,要他一整天都全心侍奉祂,他不会拒绝。如果那一天只不过是要他去听一个蠢女人讲话,他就会如蒙大赦;而如果在那一天中有半个小时空当,仇敌说"现在你可以自己去消遣一下了",他几乎会如释重负到有些怅然的地步。所以,他若对自己先前的假设稍作思考,即便是他也必定会意识到,自己其实每天都是在这样接受赐予。因此,当我说要让他一直相信那个假设时,我的意思绝不是要你向他提供为这一假设辩护的论据。一个论据也没有。你的任务纯属负面任务。不要让他的思绪转到这上面去。要把这个假设用黑暗包裹起来，使他认为自己的时间归自己所有，并让这种感觉静静地蛰伏在那片黑暗的正中心，未经省察却暗暗发挥着作用。

普遍的占有感应该时时得到鼓励。人类总是宣称自己拥有种种所有权，无论在天堂还是在地狱，这些宣告听起来都同样地滑稽可笑，因此我们要让他们一直这样自作主张下去。现代人之所以在性方面对守贞有抵触，很大程度上是由于他们相信身体归自己"所有"。但身体其实是一笔巨大而危险的财富，搏动着那股创造世界的能量，他们还没来得及同意，就发现自己在身体里面了，而他们何时被撵出这些身体，也全由不得他们自己！就好像一个国王出于爱，把某个地域辽阔、由一些明智之士管理的省份列于自己的小儿子的名下，而这个小王子却因此以为这些城市、森林和粮食像育婴室地板上的积木一样真的归自己所有。

我们不仅通过骄傲，还通过混淆来制造出这种拥有感。我们教他们不去注意物主代词的不同含义，不去区分物主代词"我的"出现在"我的靴子"、"我的狗"、"我的仆人"、"我的妻子"、"我的父亲"、"我的主人"、"我的国家"和"我的上帝"中时，其内涵存在着由低到高的细微层级差别。我们能教会他们把所有这些"我的"的含义都简化为"我的靴子"中归我所有的那一层意思。连托儿所里的小孩也可以学会"我的泰迪熊"就是"那个只要我喜欢,就可以把它撕成碎片的熊",而不是与自己有一层特别关系的那个老掉牙的假想爱心对象(若我们不够小心,仇敌就会把这层含义教给他们)。在那些含义层级的另一端,我们教导人们以说"我的靴子"那样的口气来说"我的上帝",意思就是"那个因我的出色事奉而有义务补偿我的上帝,那个我在讲道时充分利用的上帝——那个被我垄断的上帝"。

从头到尾,最好笑的地方就是:"我的"这个词所表示的若是严格的独自占有之意,那人类其实无法把任何一样东西说成是"我的"。从长远看,要么是我们的父,要么是仇敌,将会对每一样存在的事物,特别是对每一个人说,这是"我的"。不用怕,人类终将会发现自己的时间、灵魂和身体真正的归宿——无论结局如何,这些绝不会归于人类。目前,仇敌仗着祂创造了这个世界,就迂腐而教条地把所有一切都说成是"我的";我们的父则希望靠着征服一切这个更现实而合乎时宜的理由,最终能对着万事万物说,这是"我的"。

疼爱着你的叔叔

私酷鬼

## 22

亲爱的瘟木鬼：

好啊！你那病人谈恋爱了——爱上的还是最糟糕的那种类型——而在你发给我的报告中，连这个黄毛丫头的影子也看不到。你曾抓住我其中一封信中一些无心之辞不放，企图让密探误会我，也许你有兴趣了解，这场小误会已经过去了。如果你以为靠打小报告就能迫使我帮你做事的话，那就大错特错了。你要为此付出代价，也要为你铸成的其他大错承担罪责。随函附上一本刚刚发布的小册子，介绍新成立的失职魔鬼劳改所。这册子里图文并茂，你会发现每一页都很精彩。

我查了这丫头的档案，查询结果让我大吃一惊。她不仅是个基督徒，而且是个真基督徒——卑鄙恶劣、偷偷摸摸、扭捏作态、假装正经、寡言少语、胆小如鼠、苍白无力、毫不起眼的一位小姐，从未被男人碰过似的，一点儿也不浪漫。小贱货。她让我作呕。她那卷档案里的每一页都臭不可闻、乌烟瘴气。整个世界越变越糟，这简直让我发疯。要是在以前，我们早就把她扔到斗兽场里了[①]。她这种类型

———————————

① 这里指的是早期罗马帝国对基督徒的极大迫害，其中残酷刑罚之一就是把那些不肯放弃自己信仰的基督徒放进斗兽场里，在众目睽睽之下任由野兽撕裂吞吃。——译注

的人天生就该死在斗兽场里。但即便在那里，她也不会干什么好事。表里不一的骗子（我了解这类人），看上去一副见血就晕的样子，死的时候嘴角却带着微笑。一个彻头彻尾骗子。看上去温顺敦厚，其实讽刺的本领高人一等。她就是那种认为我滑稽可笑的人！丑陋乏味、假装正经的矮个子女人——但却好像所有发情的动物那样准备向这个呆子投怀送抱。如果仇敌对处女贞操那么痴狂的话，为什么不给她一巴掌？祂反倒坐视不管，还在那里咧嘴大笑。

祂骨子里是个享乐主义者。无论是禁食还是彻夜祷告，无论是火刑柱还是十字架，所有这一切只不过些幌子，或者只像是海滩上那些泡沫一样。在海的远处，在祂那汪洋的远处，有快乐，而且快乐更多。祂对这一点并不隐讳；在祂右手边有"永远的福乐"①。呸！我认为他对我们在悲苦直观②揭示的那种崇高苦行的奥秘一无所知。瘟木鬼，祂下流粗俗。祂的思想像中产阶级一样平庸。祂把祂的世界塞满快乐。那些人类一天到晚在做祂丝毫不会介意

---

① 该句取自圣经《诗篇》16∶11，全句为"你必将生命的道路指示我，在你面前有满足的喜乐，在你右手有永远的福乐。"——译注
② 原文为"Miserific Vision"，作者这里指在地狱中对于种种悲苦折磨的直接接触，与"Beatific Vision"相对。"Beatific Vision"即荣福直观，是指完全净化的灵魂直接面见至善的上帝的完美境界，又被称为真福神视。——译注

的事情——睡觉、洗澡、吃喝、做爱、玩耍、祷告、工作。这一切若没有被我们扭曲，就会对我们没有任何用处。我们是在极端劣势下开展斗争的。没有什么会自然而然地对我们有利。（这绝不会让你免受责罚，我马上就要和你算账了。你一直对我怀恨在心，只要胆子一大起来，就要骑在我的头上。）

当然，你那病人随后就和这个女人的家人以及整个朋友圈子熟识起来。她居住的那个房子是他本来永远不该进入的，难道你连这点都不明白吗？这整个地方都弥漫着那种致命的臭气。那里的园丁只不过在这里呆了五年而已，就开始沾上了这种臭味。甚至只逗留了一个周末的访客，在转身离开时身上也会带上同样的味道。那里的狗和猫也染上了这种臭气。这个房子满是高深莫测的谜团。我们确信（这关乎基要真理），这个家庭的每个成员肯定都在以某种方式利用其他人——不过，到底怎样利用，我们无从知晓。他们就像仇敌自己那样，小心翼翼地严守着这个秘密，不让我们知道这种无私之爱的幕后真相。整个房子和花园是一大片伤风败俗之地。这块地方恶心之极，活像一个人类作家对天堂的描述："那些地方除了生命之外别无他物，因此，在那里唯有音乐和静默。"

音乐和静默——我对这两样都恨之入骨！谢天谢地，

自从我们的父进入地狱以来——这比人类出现要早上无数年,地狱里没有任何一寸空间、任何一段时间降服于这两种可恶的力量,喧嚣占领了地狱的所有一切——喧嚣,伟大的活力,是一切狂喜、残忍、精力充沛的生物在声音上的表现——单单喧嚣本身就可以保护我们远离愚蠢的良心不安、绝望的愧疚和无法忍受的希望。最终,我们要把整个宇宙都变成一片喧嚣。在地球上,我们在这方面已有长足进步。天堂的旋律和静默终将被喊叫声压过。不过我承认,我们现在的声音还不够高,还不成气候。研究正在进行。与此同时,你这个可恶的小——

〔此处手稿忽然中断,并以一种不同的笔迹续成〕

我写得正酣,却发现自己由于一时疏忽,化成了一只大蜈蚣的样子。因此,信件余下内容由我的秘书依据我的口述写成。现在这个变形已经完成了,我知道这是一个周期性现象。关于这种现象,人间也流传着谣言,在弥尔顿①的诗歌中,对此现象的说明歪曲了事实,他荒谬可笑、添油加

---

① 弥尔顿(John Milton,1608－1674),英国诗人,思想家。因其史诗《失乐园》和反对书报审查制的《论出版自由》而闻名后世。——译注

醋地说,这种蜕变是仇敌强加在我们身上的一种"惩罚"。不过,一个更加现代的作家——名字叫萧①什么来着——倒是把握住了真相。蜕变从内里开始,而且这蜕变是生命力量的光荣示威,我们的父除了自己以外,从不崇拜其他任何东西,若非如此,他肯定会崇拜这股生命力量的。在我现在这个外形里,我感觉自己更加热切盼望见到你,更加渴望在一个永恒的拥抱中,把你纳入怀中,与我合为一体。


(签名)

凑歹鬼

[受命于深邃无比的私酷鬼副部长(衔略)]

---

① 这里是暗指萧伯纳(George Bernard Shaw,1856－1950,英国作家,戏剧家)。萧伯纳以自创的宗教反对传统宗教。他自创宗教的名字叫"创造进化论",就是认为生命力在永远地、努力地使一切生物向前进化,使之达到完美;人类并非生命力的最终目标,其最终目标是"超人,然后是天使,接下来是大天使,最终是无所不能、无所不知的神"。他认为上帝就是一种生命力。——译注

## 23

亲爱的瘟木鬼：

现在通过这个女孩和她那可恶的家庭，病人认识的基督徒越来越多，而且还是些很古灵精怪的基督徒。在相当一段时间内，要从他生命中把灵性移除是不可能的了。好吧！那我们就一定要使这灵性腐化变质。你显然在阅兵大典上常常把自己化身为光明天使。现在到了在仇敌眼皮底下用这一招的时候了。世俗和肉欲已经失灵；而第三种力量仍旧存在；而且这第三种力量所取得的成功是最为辉煌的。在地狱里，一个败坏的圣徒、法利赛人①、宗教法官②或

---

① 是犹太人一个突出的宗派，为了追求圣洁，注重旧约圣经上的话语，并严格按照摩西律法字面意思去行，在宗教礼仪上拘谨而固执，到后来却失去了敬虔的精神，舍本逐末，变得骄傲自义，以能遵守律法自夸。在圣经中记载了他们在安息日等多种律法问题上顶撞耶稣。耶稣曾这样说他们："你们这假冒为善的文士和法利赛人有祸了！因为你们好像粉饰的坟墓，外面好看，里面却装满了死人的骨头和一切的污秽。你们也是如此，在人前、外面显出公义来，里面却装满了假善和不法的事。"（圣经《马太福音》23：27－28）——译注

② 在这里是指中世纪的宗教裁判所中的宗教法官，用各样毒辣的酷刑镇压异端，维护天主教权威。在宗教裁判所存在的那几个世纪中，这些人借着宗教的名义做了很多不当的审判，在历史上声名狼藉。——译注

是搞玄学巫术的人比单纯一个普通的暴君或酒色之徒更有嚼头些。

我观察了一下你那个病人的新朋友,结果发现最佳攻击点是在神学和政治之间的接界处。在他的新朋友当中,有几个人意识到了其宗教在社会上的影响力。就其本身而言,这是件坏事;不过,还是可以利用这一点来得到些许好处。

你会发现,很多基督徒政论家认为基督教开始误入歧途,偏离了早期基督教创建者的教导。现在,我们必须利用这种想法,再次鼓励他们清除后人的“增补和曲解”,找到“历史上的耶稣”这一概念,并将其拿来与整个基督教传统做比较。在上一代人那里,我们在自由主义者和人道主义者这些阵线上促成了“历史上的耶稣”这一概念的建立;现在我们正在突变论和革命论这些阵线上提出一种新的“历史上的耶稣”。我们打算将这些解释大约每30年变更一次,这样做有很多好处。首先,所有这些解说都倾向于把人的信仰引向某种根本不存在的东西上去,因为每一个“历史上的耶稣”都是没有历史根据的。那些文献既没什么花头,也不能再多加上些什么;因此,要从这些文献中产生每一个新的“历史上的耶稣”,就必须把这些文献在这一点上低调处理,在那一点上夸大其辞,并进行毫无根据的猜想(我们教人类用大胆这个词来形容这种猜想），在平常生活中，没有人会愿意冒险把十个先令①押在这种猜想上，但是这种猜想足以在每个出版商的秋季书单上鼓捣出一大堆新拿破仑传、新莎士比亚传和新斯威夫特传。其次，所有这些解说都在自己那个历史上的耶稣身上强调某种祂应该已经宣传过的古怪理论。祂得是一个现代意义上的"伟人"——一个站立在某种涣散而乖谬的思路尽头的人——一个贩卖万用灵药的怪人。这样一来，我们就可以让人分心，不去注意祂是谁，祂做过什么事情。我们首先把祂变成区区一个导师，然后把祂与所有其他伟大道德导师的教导之间的大量共通之处隐藏起来。因为绝不能让人类注意到，所有伟大的道德家都是仇敌派过来的，派他们来不是为了告诉人们些什么，而是为了提醒人们，重申那些关于道德的最基本的老生常谈，以此来对抗我们对这些陈词滥调的不断的覆蔽。我们造出诡辩家②，祂就让一

---

① 在 1941 年的英国，10 个先令相当于 1.8 克左右的黄金，相当于三四百元人民币。——译注

② 即有意把真理说成谬误，把谬误说成是真理的狡辩者，表面上看似乎能言善辩，总能振振有辞地拿出很多根据和理由来，但这些根据和理由都是不成立的，他们只是主观地玩弄一些概念，用虚假和片面的论据，做歪曲的论证，目的是为自己荒谬的理论和行为做辩护。——译注

个苏格拉底①来回答他们。我们第三个目标就是要通过这些解说来毁掉信仰生活。我们用一个可能存在过、遥远、模糊、陌生的人物形象来代替人们在祷告和圣礼时可能会经历的仇敌的真实同在。这个人操着一种奇怪的语言，很早以前就死掉了。事实上，他根本不可能成为一个崇拜对象。人们很快就不把祂看成是受造物崇拜爱戴着的造物主，相反，会以为祂只不过是受到一小撮激进分子追捧的领袖而已，最终把祂当成了受到某个睿智的历史学家认可的一个名人。第四，这种解说所刻画的耶稣毫无历史根据，除此之外，这类信仰在另一种意义上说也与史实不符。其实，针对耶稣生平做那种历史研究，未曾使任何国家归在仇敌阵营之下，连被说服的个人也少得可怜。人们确实没有足够的资料来对耶稣生平做完整的研究。最早期的归信者是因为单单一个史实（复活）和一个对他们既有的罪恶感进行剖析的神学教义（救赎）而归入仇敌门下的——而罪，不是违反了一个"伟人"自创的某个崭新而花哨的律法，而是干

---

① 苏格拉底（Socrates，公元前 469 年－公元前 399 年），古希腊哲学家，惯用诘问法来回答提问，他会运用一系列问题协助一个人或一群人来判断他们的信仰，并从他们的回答中寻找漏洞加以击破，借此增长他们的知识，并检视自己信仰及信仰的真实性。——译注

犯了那种保姆和母亲教过他们的那些古老而迂腐的普遍道德法则。"福音书"是后来写成的，目的不是为了造出基督徒，而是去教导那些已经有了信仰的基督徒。

"历史上的耶稣"在某个特定的点上可能会对我们不利，尽管如此，我们还是要坚持提倡这一观念。在基督教和政治之间的一般性联系方面，我们的立场更为微妙。我们当然不希望人类任由基督教在自己的政治生活里泛滥，因为任何一个接近于真正公正社会的建立都将是一场大灾难。而在另一方面，我们真的很希望人们把基督教当成是一种手段；当然，最好是将其当作是他们自己升官发财的手段，倘若不成，就要使他们把基督教信仰当作达成任何一个目标的手段——甚至以社会公正为目标也无妨。重点就在于，首先要让一个人出于对仇敌心意的领会，对社会公正推崇备至，然后，就做他的思想工作，让他之所以对基督教有很高的评价，是因为基督教有助于实现社会公正。而仇敌是绝不会容许自己被人利用的。那些想要利用复兴信仰来建立一个好社会的人或国家，简直就是缘木求鱼，他们没准还以为自己可以用通往天堂的梯子搭出一条捷径，直达最近的一家杂货店呢。幸运的是，劝诱人类落入这个小圈套是一件非常容易的事情。就在今天，我读到一个基督徒作家写的一段话，其中，他推荐自己那种版本的基督教，理由是"只有这样一种信仰才能够超越旧文化的衰亡和新文明的诞生"。你看出其中破绽了吗？"相信它，不是因为它是真理，而是因为某个其他的理由而相信。"这就是诀窍所在。

疼爱着你的叔叔

私酷鬼

## 24

亲爱的瘟木鬼：

我已与负责照料你病人那位意中人的喇坠鬼取得了联系，并渐渐看出在她盔甲上有一个小破绽。这是一个不显眼的小缺点，不仅她有，几乎所有那些在信仰明确的智者圈里长大的女人都有这样的毛病；她们认为那些没有信仰的外人真是太愚蠢可笑了，而这一假设从未受过质疑。经常和这些外人打交道的男人却不会有那样的感觉；如果他们自负的话，那种自负是有别于此的。她以为这是出于信仰，其实，在很大程度上，她抱有这样的看法，只不过是因为受了自己周围环境的影响而已。在十岁的时候，她确信家里用的那种餐刀是正宗的或正常的，或认为那种餐刀才是"真正"的餐刀，而邻居家里用的那种餐刀则压根"不是真正的餐刀"，她那种自负和对餐刀的自以为是并没有太大差别。在这种自负当中，无知和天真的成分太多，属灵骄傲的成分太少，所以我们并不能因此对这丫头抱什么希望。但是你有没有想过怎样利用这一点来影响你的病人呢？

夸夸其谈的总是新人。新加入上流社会的人会过度讲究繁文缛节，不成熟的学者比较喜欢卖弄学问。你的病人在这个新圈子里就是一个新人。在那里,他每天都接触基督徒生活,其水准之高超乎他的想象,而且因为他正在热恋中,所以觉得眼前这种生活美好无比。他渴望(实际上是仇敌命令他)去模仿这种基督徒品格。那你就要令他去模仿自己意中人的这种缺点,并且将其发扬光大,以至于在她身上这个易得宽恕的缺点,到了他那里就转变成了诸罪中最为强大和美丽的那一种罪——属灵骄傲,你能够做到这点吗?

看上去形势一片大好。病人所处的那个新圈子很容易诱使他变得骄傲起来,除了基督教之外,这圈子还有其他很多原因让他引以为傲。比起他所接触过的任何社交圈子来,这圈子里的人受过更好的教育,更有才智,更加和蔼可亲。在某种程度上,他对自己在这个圈子里的地位也有错觉。在"爱情"的影响下,他可能仍会认为自己配不上那个女孩,但是他很快就不再认为自己和其他人比起来会相形见绌。他根本不知道,他们在很大程度上是出于仁慈才容忍他,是因为他现在已是大家庭中的一员才会欣然接纳他。他自己很多谈话和观点只不过是在模仿他们的谈话和观点罢了,他做梦也不会想到,他们其实对此全都心知肚明。他丝毫不怀疑自己对这些人所抱的好感,其实这很大程度上是因为那丫头对着他施展的情欲魅力挥洒到了她周围一切环境之上。他以为自己之所以会喜欢他们的交谈内容和生活方式，是因为他的灵性和他们一样有深度，而实际上他们比他深刻得多；若不是在热恋中，他对自己现在接受的很多东西，就只会有迷惑不解和排斥抵触的感觉。他就像一只狗，出于捕猎本能和对主人的爱，在享受了一整天的狩猎之后，就以为自己已经精通各式火枪了！

你的机会来了。在这时候，仇敌正借着男女之爱以及一些平易近人、非常出色地事奉祂的人，把这个小乡巴佬举到他自己无法达到的高度，而你一定要让他觉得这一高度才是自己真正的水平所在——这些人"和他是一类人"，在他们中间，他感到自己就像回到了家一样自在。当他从他们那里转向其他圈子的时候，就会发现其他圈子很无聊；部分是因为他那些社交圈的确没那么有趣，不过更重要的是，那些圈子里没有他意中人所散发出的魅力。你一定要教他把那些让他感到愉悦的圈子和让他觉得无聊的圈子之间的区别误以为是基督徒和非基督徒之间的区别。一定要让他觉得（最好不要说出来）"我们基督徒是多么与众不同啊"；一定要让他在不知不觉间，把"我们基督徒"定义为"我那一伙人"；一定要让他把"我那一伙人"用来指代"我有权结交的那些人"，而不是"那些出于仁爱和谦卑而接纳我的人"。

在这里,成功的关键就在于扰乱他的思想。你若想使他公然为自己的基督徒身份而骄傲,那多半会失败;仇敌在这方面的告诫已经是众所周知的了。而另一方面,你若完全丢开"我们基督徒"这一观念,只让他对"他那一伙人"洋洋自得,就造不出真正的属灵骄傲,充其量不过是社交虚荣心罢了,相比较而言,这只是一个没多大价值、微不足道的小罪。你应该不断地把一种暗暗自得的心理夹杂到他的一切思想中去,而且永远不要让他自问"我到底在洋洋自得些什么?"他一想到自己能归入核心成员、可以同享一个秘密,就感到非常甜蜜。就要在这上面做文章。在这女孩最愚蠢时,要利用她的影响,教他对非基督徒说的话抱取笑态度。他在现代基督徒圈子里所接触到的一些理论在这里也可以派上用场;那些理论把社会的希望放在"执事们"组成的某个核心集团上,放在一小撮经过专门训练的神权政治家身上。那些理论正确与否与你没有丝毫关系;重要的是,要把基督教变成一种神秘的宗教,让病人觉得自己是这种神秘宗教的发起人之一。

拜托你不要在信里塞满关于欧洲战争的废话。这场战争的最终结局如何固然重要,但那是堕落指挥部该关心的事。我对在英国已有多少人被炸死可一点儿也不感兴趣。他们死时心态如何,我最后可以从办公室那里了解到。他们终究难免一死,这我早知道了。请你专心做好自己分内的事情。


　　　　　　　　　　　　　　疼爱着你的叔叔

　　　　　　　　　　　　　　　　私酷鬼

## 25

亲爱的瘟木鬼：

你那病人朝夕相处的那伙人的真正麻烦之处在于，他们纯粹是个基督教团伙。他们当然都有个人利益，但彼此间仍旧单纯以基督信仰为联系纽带。人若真的成了基督徒，我们就要让他们保持一种我称之为"基督教和……"的心态。诸如基督教和危机、基督教和新心理学、基督教和新秩序、基督教和信仰疗法、基督教和灵媒研究、基督教和素食主义、基督教和简化英语拼写运动等等。如果他们非做基督徒不可，那至少要让他们做颇有特色的基督徒。使信仰本身被某种带有基督教色彩的时髦玩艺儿所代替。要在他们喜新厌旧的心理上下功夫。

喜新厌旧是我们在人类心灵里制造出来的最有价值的情绪之一——它可以引发宗教异端、政见短视、夫妻不贞、朋友失信，是一个取之不尽用之不竭的泉源。人类生活在时间里，而且要按一定的先后次序来体验真实。因此，为了进一步体验真实，他们就必须经历很多不同的事情；换句话说，他们必须经历变化。既然他们需要变化，仇敌（骨子里是一个享乐主义者）就使变化能愉悦人心，就像祂使吃饭成为一件乐事一样。不过,祂不希望他们为了变化而变化,正如祂不希望他们为了吃饭而吃饭一样,所以,祂就使他们渴望永恒,以此来平衡他们对变化的喜爱。祂挖空心思地在自己所创造的世界里把变化和永恒结合起来,造出一种我们称之为节律的东西,以此来满足这两种喜好。祂赐给人类四季,每个季节各不相同,但是每年都有同样的四季。这样一来,春季常常令人耳目一新,而同时又是一个古老主题的再现。祂还赐给教会一个属灵年度,使基督徒的禁食与宴饮交替变化,而同时每年的宴饮仍能保持恒常不变。

正如我们挑中饮食之乐,将其夸大成为贪馋,我们也选中了由变化所带来的这种自然愉悦感,要把它扭曲为一种对绝对新奇的强烈要求。这种渴求完全是我们努力的结果。如果我们玩忽职守,人们不仅会在今年一月份的雪花、今天早晨的日出、今年圣诞节的李子布丁里体会到新鲜和熟悉相互交织所带来的满足感,而且还会陶醉其中。至于孩子们,如果我们不更好地加以调教,他们就会满足于一季一换、周而复始的游戏,夏去秋来,他们就会在玩过跳房子游戏之后去玩板栗游戏①。只有在我们的

①　板栗游戏通常在秋天进行,几十年来一直是英国学龄儿童的一项娱乐活动。——译注

115

不懈努力下，那种对永无止尽、毫无规律之变化的渴望才能得以维持下去。

这种渴求很有价值，体现在不同方面上。首先，它在削减快乐的同时助长了欲望。新鲜感所带来的快乐从本质上说，比其他任何事物更易受到收益递减定律①的支配。不断花样翻新会耗费大量钱财，因此，这种追逐新奇的渴望会带来贪婪或苦恼，或两者兼而有之。其次，越是对新奇贪得无厌，就会越快地耗尽所有纯真快乐的资源，然后就会转而渴望那些受到仇敌禁止的快乐上去。举例来说，通过激起人们喜新厌旧的情绪，我们最近就已经使艺术对我们的危害性大大降低了。这段时间也许是各种艺术危害最小的时候，"高雅"艺术家也好，"通俗"艺术家也罢，他们所追求的，除了新鲜感，还是新鲜感，他们每天都被无节制的色欲、缺乏理性、残酷、骄傲所吸引。最后，若我们要制造出流行款式或时尚潮流，求新猎奇的欲望更是必不可少的。

---

① 收益递减定律又称边际效益递减定律，是指所消费商品的增量虽然可以使总收益上升，而每一单位增量所带来的收益增量却在递减。例如，在极为口渴的时候喝一杯水会非常满足，再喝第二杯水时满足感就没有第一杯水那样大，但总的说来更加满足了，而第三杯水喝下去会觉得平淡无奇，若再喝第四杯水反而会觉得腹胀。在这里，每一杯水所带来的满足感的增量是在递减的。——译注

在思想领域,我们运用各种新思潮来分散人们的注意力,使他们对自己真正的危险视而不见。在我们的引导下,每个时代潮流的呼声会鞭挞那些最不危险的罪恶,同时大力提倡某种可以为我们正欲推广的恶俗做铺垫的品德。诀窍就是:在洪水泛滥的时候,要让他们拿着灭火器到处乱跑;在船的一侧船舷已经没入水中之际,要让所有人都挤到将沉的那一侧去。这样,当所有人都开始变得世故和冷漠的时候,我们就使揭示过度感性所带来的种种危害成为思想的新风尚;一个世纪之后,当我们真的已经把所有人都变得浪漫高亢、情绪激动得失去控制以后,就把新潮的呼声引导到反对纯粹"知性"这一论调上。在人心冷酷的时代,让他们防备感情用事;在漫无目标、虚浮懒惰的时代,让他们反对尊崇高尚;在放荡纵欲的时代,让他们反对清教主义;无论何时,只要所有的人都急于成为奴才或暴君,我们就要把自由主义变成头号公敌。

不过,我们最大的胜利,其实是把喜新厌旧心理提升到哲学的高度,这样一来,理智层面的谬误可以强化对意志层面的腐蚀。这要归功于欧洲当代思想中普遍存在的发展观或历史观(部分是我们的杰作)。仇敌喜欢陈词滥调。据我所知,祂希望人们在考虑那些被提到桌面上的行动方案之时,先去问一些非常简单的问题:这是否符合公义?这是否审慎有智慧？这样可行吗？而我们若能让人不断地问"这是否符合我们这个时代的主要潮流？这是进步还是倒退？这是历史前进的方向吗？"，人们就会忽略那些有价值的问题。当然，他们真正问的这些问题是没有答案的；因为他们不知道未来会怎样，而且，在很大程度上，未来会怎样恰恰取决于他们现在正要做的决定，可他们倒指望未来能帮助自己做这些决定。结果，正当他们的思想在这真空中四处乱撞之际，我们就可趁虚而入，以不易察觉的方式使他们朝我们早就决定下来的方向前进。现在我们已经成就斐然。他们以往还知道有些变化趋向好转，有些变化导致情况恶化，还有一些变化是中性的。我们在很大程度上已经铲除了这种认识。我们用带有感情色彩的形容词"停滞不前"来取代叙述性的形容词"不变"。我们已经训练他们把未来看成是一片乐土，只有享受特权的英雄们才能踏入——其实每个人以每小时 60 分钟的速度就可以步入未来，无论他做的是什么事，无论他是谁，概莫能外。

疼爱着你的叔叔

私酷鬼

## 26

亲爱的瘟木鬼：

　　没错,求爱期是播种的好时节,这些种子在十年后就会成长为家人之间的憎恶仇恨。人类在欲望未得满足时会深受异性吸引,我们能使他们误以为在该吸引力驱使下的所作所为是仁爱之心的效果。你可要好好利用"爱"这个字眼的模糊性:让他们以为自己已靠着爱把问题全都解决了,而实际上,这些问题只不过是在吸引力的作用下被暂时搁置起来或推迟解决而已。在吸引力还没有消褪的时候,你就可以趁机私底下挑起事端,并把这些毛病转化为难以痊愈的慢性病。

　　最重要就是"无私"这个毛病。注意,我们的语言学部队把仇敌主动的仁爱替换为被动的"无私",再次取得绝佳效果。凭着这一点,你在一开始就可以教导一个人弃自己的利益不顾,不是因为别人得到这些利益后会感到幸福,而是因为舍弃这些利益会让他显得很无私。这是我们取得的一个重大成果。另外,在两性之间,我们已经培养出了对无私的不同理解,若所涉及的人当中有男有女,这种理解上的差异就能派上大用场。女人说到无私,主要是指能帮别人排忧解难;而男人则认为,不去麻烦别人才是无私。结果,一个身为事奉仇敌高手的女人会在很多事情上讨人嫌,除了完全受我们的父支配的那种男人之外,其他任何男人都不会像她那样多管闲事;反过来,一个男人若不是在仇敌阵营中生活多年,绝不会主动做那么多事情来取悦别人,而这些事对一个普通女人来说可能只是家常便饭罢了。这样,女人想好好帮忙,而男人则想尊重别人权利,男人和女人都可以理直气壮地认为对方极端自私,而他们也的确是这样认为的。

现在,你满可以在这些混乱中再添上几个乱子。性爱魅力会制造出一种相互容让的气氛,在这种柔情蜜意中,两个人都是真正心甘情愿地委屈自己迎合对方。他们也知道,仇敌要求自己具有仁爱之心,一旦达到某种深度,也会有类似表现。目前,由于性魅力的缘故,这种自我牺牲可以自然而然地流露出来,不过,当性魅力消褪后,他们将没有足够的仁爱来支持自己再继续这样牺牲下去,你一定要使他们立下规矩,要在整个婚姻中一直保持那种程度的自我牺牲。他们是看不出这个圈套的,因为他们受了双重蒙蔽,不仅误把性刺激当成仁爱,还错误地认为这种激情会一直持续下去。

一旦他们把一种义正词严、合乎律法或冠冕堂皇的无私确立为规矩之后,若他们借以遵守这条规矩的感情资源已经耗尽,同时属灵状况还不够成熟的话,那么,好戏就要上场了。在两人讨论一切共同活动时,甲总觉得有义务抑制自己的想法,把自己推想出乙可能会有的愿望做优先考虑,而乙则要反过来做,这成了一条硬性规定。这样双方往往不可能了解对方的真实心意;要是你运气好的话,他们最终决定去做的是两个人都不想做的事,可双方都感到自己已经仁至义尽,私底下满心希望自己可以由于表现出无私而得到优待,而对方这么轻易就接受这种退让,也会让他们心底恨意暗生。接下来,你就可以放胆尝试一下名为慷慨幻觉对抗赛的游戏。最好有两个以上的玩家,例如,子女都已成年的家庭就很适合玩这种游戏。有人提议做一件微不足道的事情,比如说,去花园里喝茶。其中一个成员很清楚地表明(话未必像这里说得那么多)他自己本来不想去,当然了,他不过是出于"无私"才准备这么做的。其他人马上收回他们的提议,表面上也是出于"无私",其实只不过是因为他们不想被第一个人当作操练小小无私的玩偶罢了。可他也不甘心被他们弄得自己的无私奉献落了空。他坚持要做"其他人想做的事情"。他们则坚持要做他想做的事情。火气开始冒了起来。很快,就会有人说"好啦,我根本就不想喝什么茶!",然后保管会有一场双方满怀苦毒怨恨的大吵大闹。你看清楚整个过程了吗？如果每个人都能坦率地说出自己真正的意愿，大家就不会丧失理智，也能保持一团和气；恰恰因为他们不是为自己而争，每个人都是在替对方说话，所以在冠冕堂皇或义正词严的"无私"遮掩下，他们根本无法察觉所有苦毒恼恨其实是由于自以为是和刚愎自用之心受到挫折，再加上过去十年间积累起来的恨意而产生的。最不济，也可以让他们因为自己"无私"的缘故，就以为那些苦毒怨恨可以免受责怪。每个人其实心里都很清楚，对方那种无私并没有多大价值，而且也知道对方想陷自己于不义；但是每个人都设法让自己有无辜受屈、倍受虐待的感觉，这其中的虚伪矫饰，只不过是人之常情罢了。

　　一个有识之士曾说过："人们若知道无私会招来多少反感，牧师们就不会在讲道时如此频繁地对其加以推荐了"；又说，"她是那种为别人而活的女人——只要看谁面露无处可逃的窘态，就能知道她是在为谁而活"。这一切在求爱期就可以早早酝酿起来。从长远来看，你的病人那一点点真正私心，在确保他灵魂安全方面，往往不及最初那种费尽心思、自觉的无私价值高，后者说不定有一天能发展成我刚刚描述的那种东西。你现在就已经可以把某种程度上的相互隐瞒，把他对这女孩并不总是注意到自己有多么无私的那一丝惊讶之情，偷偷地放进他心里。你要细心照看好这些东西,最重要的是,不要让这两个小傻瓜对此有所警觉。如果他们注意到了这些,就会慢慢发现光靠"爱情"是不够的,还需要仁爱,他们会发现自己还没有到仁爱的境界,而且外在的律法不能取代仁爱。我真希望喇坠鬼能拿出点办法来,要是能把这年轻女人自嘲的幽默感连根拔除掉该多好!

疼爱着你的叔叔

私酷鬼

27

亲爱的瘟木鬼：

目前你似乎一点进展也没有。你想利用"爱情"来使他无法专心仰望仇敌，当然，这不难理解，但你把这招用得太差劲了，因为你说现在他主要在为自己注意力不集中和分心走神这一问题而祷告。这就意味着你在很大程度上已经失败了。当"爱情"或任何一种其他令他分心的事情忽然冒出来的时候，你应该鼓励他单纯用意志力来将之驱散，并继续做常规祷告，就像什么事也没发生过一样；一旦他把注意力分散看成是自己当前面临的问题，并把这一问题摆在仇敌面前，使之成为祷告的主要内容和自己努力的主要方向，那你就真是弄巧成拙了。从长远来看，任何使病人更亲近仇敌的事物都是对我们有害的，罪①也概莫能外。

补救的方法如下。他现在正在热恋之中，心里对现世的幸福已有了一种全新的想法：因此，在为这场战争及其他

———————
① 原文为 sin。——译注

类似的事情祈求祷告①时，祷告中有了一股新的迫切感。你若要从理性上非难那种祈求式祷告，现在正是时候。我们一向鼓励人们进行虚假灵修。"赞美上帝并与上帝相交才是真祷告"，从这句貌似虔诚的话出发，往往能诱导人类去直接违抗仇敌。仇敌（以祂惯有的那种单调乏味、老生常谈、无趣之极的方式）明确地告诉他们，要为自己每日饮食和疾病痊愈祷告。其实，为每日饮食所做的祷告，无论是从"属灵意义"上理解的每日灵粮，还是从任何其他意义上理解的每日饮食，都同样是粗俗的祈求，当然，这一事实你千万不能让病人知道。

不过，你的病人既然已经沾染上了顺服这个可怕的习惯，不管你怎么做，他多半都会继续去做那种"粗俗"的祷告。但你还是可以让他怀疑这种做法荒谬可笑，而且不可能真的有效，还会因为疑云四绕而变得忧心忡忡起来。别忘了运用"正面我赢，反面你输"②的论证办法。如果他祷

---

① 祈求祷告（petitionary prayer），即祈祷者对上帝有所求的一种祷告方式，可以有声，也可以无声，就是带着一些事情到上帝面前祈求。 ——译注

② 正面我赢，反面你输（Heads I win，tails you lose.）是在掷硬币赌博时骗子叫喊的话，照这一规则，无论扔出来的硬币是正面还是反面，骗子都肯定会赢，后常用来表达"我赢定了"的意思。——译注

告的事情没有成就,就多了一个祈求式祷告无效的证据;如果事情成就了,当然就要让他将看到这件事情成就的一些客观原因,得出"因此这件事无论如何都会发生"的结论,这样一来,那些已经兑现了的祷告和那些没有兑现的祷告一样,都能很好地证明祷告是没有用的。

作为一个灵的你,确实很难理解为什么一个人的思想会如此混乱。但你一定要记住,病人把时间看成是一种基本事实。他以为仇敌会像自己一样,要面对现在,回忆过去,期待未来;即使他相信仇敌不是以那种方式来看事物,他仍然在内心最深处认定,这是仇敌特有的一种认知方式——他并不真的相信(尽管他会说他相信)仇敌所见的事物是事物原本的样子。你若向他解释,仇敌调和明天天气时要考虑无数个因素,人们今天所做的祷告只不过是其中之一而已,他就会回答,仇敌早就知道人们会做这些祷告,因此,他们不是随意地祷告,而是预先被设定好要这样祷告的。他还会补充说,任何一天的天气之原因可以一直追溯到创世之初——所以人也好,物也好,整件事情都是"从一开始"就确定下来了的。当然,我们很清楚本该如何作答;在他时间认知方式的两个时间点上,改变某种特定的天气来适应某个特定祷告的问题,只不过是表象罢了,本质上说,这完全就是让整个灵界去迁就整个人间的问题;所有受造之物在时间和空间的每一个点中运行，更确切地说，他们那种认知状态使他们不得不把整体一致的创造之举看成是一系列相继发生的事件。但是，那创造为何要给他们的自由意志留有余地，这是仇敌关于"爱"之谬论背后的秘密，是难解之谜。至于创造如何为人的自由意志留出空间，这倒不难理解；仇敌不是预见到人类会在未来自由地做出贡献，而是看见他们在祂那无边无际的现在这样做。显然，在旁边观看一个人做事并不等于强迫他去做那件事。

你可能会回复说，一些多管闲事的人类作家早就把这个秘密道破了，尤其是波爱修斯①。你犯不着担心这个，因为我们终于成功地在整个西欧营造出了良好的知识氛围。只有学究们才会读古书，而且这些学究已经被我们料理得很好，他们根本不可能通过读古书获得智慧。我们的诀窍就是向他们反复灌输历史观点。所谓历史观点，简单地说，就是指一个学究在研读古代著作时，永远不去问书中观点是不是真的。他会问是谁影响了这个古代的作者，作者在该书中的观点与作者其他著作中的说法是否一致，这代表了该作家的成长史或思想史的哪一个阶段，这一观点对后

---

① 波爱修斯(Boethius，475－525)：又译为波爱修，博伊西斯。古罗马哲学家，政治家和音乐理论家，主要著作有《论三位一体》、《哲学的慰藉》等。——译注

来的文人有何影响,这一观点受到了多少曲解(特别是被这个学究的同事曲解),过去十年间这一观点受到批评的主要原因是什么,以及"这个问题的现状"如何。任何想要从古人那里学到真知灼见的想法,任何认为古人所言可能会使自己的思想或行为发生改变的想法,都将会被当成是十足愚蠢的想法遭到拒绝。我们无法在所有的时候欺骗所有人,所以,切断一个世代与所有其他时代之间的联系是至关重要的;倘若学问使得一个世代可以与其他时代互通有无,那这一世代的特定错误就会有被另一时代的特定真理纠正的危险。但是感谢我们的父,也要感谢历史观点,现在的大学者们几乎不能从历史中汲取养分,在这一点上,他们和那个认为"历史是一派胡言"的最为无知的机修工①并没有多大差别。

疼爱着你的叔叔

私酷鬼

---

① "历史是一派胡言"一语出自亨利·福特(Henry Ford,1863－1947)。福特是美国汽车工程师和企业家,福特汽车公司的创立者。——译注

## 28

亲爱的瘟木鬼：

我之所以告诉你不要在信里塞满关于这场战争的废话，当然只不过是不想读你那些关于人类死亡和城市毁坏的幼稚胡话而已。不过，若这战争关系到这个病人的属灵状态，我当然希望你能对战争进行详细报告。在这方面，你似乎脑子里少了一根筋，所以才会兴高采烈地告诉我说，有理由相信这人所住的城市将会遭受大规模空袭。你现在只顾着享受人类痛苦，却把自己的主要目标抛在了脑后，我早就抱怨过这一点了，而你这时的幸灾乐祸就是一个触目惊心的例子。难道你不知道炸弹会炸死人吗？难道你不知道，病人送命恰恰是我们现在最不希望发生的事？他已经从你试图用以纠缠他的世故朋友那里逃脱；他已经和一个十足的基督徒女人"坠入爱河"，因此暂时对你在性方面的攻击有了免疫力；一直以来，我们尝试过用各种各样的方法腐蚀他的灵修生活，到目前为止还没有成功过。目前，战争的影响渐渐逼近，他心里那些世俗盼望开始退居次要地位；他满脑子都是防御工事，满脑子都是那丫头，他比以往任何时候都要关爱自己周围的人，还出乎自己意料之外地乐在其中,按人类的话说就是"浑然忘我"了;而且,他每一天都更加自觉地去倚靠仇敌,如果他今天晚上丧命,他几乎铁定会从我们这里流失。这道理如此浅显,我都有点耻于把它写下来。有些时候,我真怀疑你们这帮小鬼诱惑人类的外勤时间是否过长——也不免怀疑你们在人类当中工作时,有被人类情绪和价值观传染的危险。他们当然肯定会把死亡视为头号不幸,把存活下来当作最大的幸事。但他们之所以有这样的想法,那全是我们调教的结果。你可不要被我们自己的鼓吹宣传所迷惑。现在,你的当务之急应该是保护他的肉身安全——这恰好与这个病人的情人和母亲所祷告的内容相同,我知道这似乎有点怪,但事实的确如此;你应该像保护眼中的瞳仁那样保护他。如果他现在死了,你就抓不到他了。如果他能挺过这场战争,那就还有希望。在仇敌的保守下,他挺住了你第一轮诱惑的冲击,全身而退。但只要他还活着,时间就会成为你的盟友。无论是得意或失意,中年时那种漫长、乏味、单调的岁月都是绝佳的作战环境。要知道,这些受造物很难做到持之以恒。若他们中年失意,苦难照例要承受下去,而青春的爱情和年少时的抱负却渐渐地被消磨殆尽,他们老是在克服慢性诱惑,却被我们一次又一次地击溃,于是陷入了静静的绝望(安静得几乎感觉不到痛苦了),我们在他们生活中创造出单调乏味,然后教会他们用无法言喻的哀怨去应付这种生活——所有这些都为我们腐蚀消磨人类灵魂提供了绝妙机会。另一方面,他们中年时若处于顺境,就对我们更为有利。顺境把一个人紧紧地连于世界。他觉得自己"在世界上有了一席之地",其实是世界在他心里有了一席之地。他名望日渐显赫、交际圈日益广泛、自我感觉越来越好、新鲜有趣的工作使他压力渐增,所有这一切让他在世间渐渐有了一种归属感,这正是我们想要的。你会注意到,和年轻人相比,中老年人更为贪生怕死。

事实上,仇敌既然已经莫名其妙地为这些可怜虫安排好了在永恒世界里的生活,就能很有效地让他们免于对其他任何地方产生归属感。这就是为什么我们一定要常常为我们的病人们祈求长寿;我们要斩断他们灵魂和天堂之间的纽带,并使之与世俗牢牢相联,对于一个这样艰巨的任务而言,70 年实在不算长。我们发现年轻人往往很难驾驭。即便我们费尽心思使他们对宗教信仰一直保持着一无所知的状态,可是,单单女孩的脸庞、小鸟的歌声或地平线之美景,就会招来想象力、音乐和诗歌那神秘莫测的飓风,常常把我们整个营垒全部掀翻。他们不愿意让自己按部就班地去追求上进、不愿意结交谨小慎微之辈,也不愿意安分守己。他们醉心于追寻天堂,因此,在这个阶段,使他们依恋尘世的最佳方法就是让他们相信，未来总有一天，政治，或优生学，或"科学"，或心理学，或其他的什么东西，可以把人间改造成天堂。真正的世俗化是需要时间经营的——当然，这离不开骄傲的帮助，于是，我们教他们把怕死说成是识时务、成熟或经验丰富。经验渐渐成了一个很有用的字眼，因为我们教他们赋予这个词以独特的含义。一个伟大的人类哲学家差一点拆穿我们这个秘密，他说，在德性上，"经验是错觉之母"①；不过在很大程度上，我们已经把他那本书的毒害化解了，这要归功于潮流发生变化，当然了，也有历史观点的一份功劳。

仇敌给我们的时间是如此之少，时间的宝贵性由此可见一斑。大多数人类在幼儿时代就夭折了；而侥幸活过幼年的人当中，也有很多在壮年过世。显然，在祂看来，人类出生之所以重要，主要是因为出生是死亡的先决条件，而死亡之所以重要，完全是因为死亡是通往另一种生命之门的缘故。我们只能在经过筛选的少数人身上开展工作，因为人类所谓的"正常寿命"其实是一种例外。显然，在预备要成为天国子民的那些人类动物当中，祂只想让极少数人具

---

① 该句摘自康德（Immanuel Kant，1724－1804）的作品《纯粹理性批判》。——译注

备在 60 或 70 年的人间生活中始终如一地抵制我们的那种经验。嘿嘿,我们的机会就在这儿。时间越短,我们就一定要利用得越好。不管你用什么手段,都要尽可能地保护好你那病人的身家性命。

疼爱着你的叔叔

私酷鬼

## 29

亲爱的瘟木鬼：

　　德国的人类将要轰炸你那病人的城市，而他的岗位致使他置身于极度危险之中，既然这已成定局，我们就必须仔细考虑一下对策。我们的目标是要让他变得怯懦胆小呢？还是要让他勇敢起来，随后变得骄傲自大？又或是让他对德国人恨之入骨？

　　嗯，让他勇敢起来恐怕没有什么好处。我们的研发部门仍然没有探索出（虽然成功指日可待）任何一种品德的制造方法。要想成为一个惊世骇俗的恶人，是需要某种品德的。阿提拉①若没有勇气，夏洛克②若没有对那块肉的忘我牺牲，他们会是什么模样？不过，由于我们自己不能制造出

---

① 阿提拉（Attila, 406—453）：欧亚游牧民族匈人的皇帝，在西欧被视为残暴和抢夺的象征。——译注

② 夏洛克（Shylock）为莎士比亚剧作《威尼斯商人》中贪婪残酷的放高利贷者。当地商人安东尼奥借钱给人时不收利息，影响了夏洛克的高利贷收入，让他恨得咬牙切齿。后来他假装慷慨，无息借钱给安东尼奥，条件是若到期未还，就要在安东尼奥胸口割下一磅肉。在法庭上，他拒绝两倍乃至三倍借款的还款，坚持按约割肉，要致安东尼奥于死地。——译注

这些品德,所以只有等仇敌供应之后,我们才能对此加以利用——这就意味着要在本可以成为我们瓮中之鳖的那些人身上,给祂留出一块立足之地。这种安排让我们极为不满,但我相信,有朝一日我们必定会知道如何做得更好。

对于仇恨我们倒是颇有把握。在喧闹、危险和疲乏劳累的时候,人类神经紧张不安,易于产生极端情绪,因此,只要把这种敏感性往正确的渠道上引导就可以了。若他良心上过不去,就扰乱他的心神。让他为自己的仇恨之心辩解,说他不是为了自己,而是替那些妇女儿童去恨,虽然一个基督徒被告知要宽恕自己的仇敌,但没有说他去宽恕其他人的仇敌。换句话说,让他认为自己有资格同情那些妇女儿童,有资格替她们去恨,却没有资格把她们的敌人看成是自己的敌人,使这敌人成为自己从严格意义上说要去宽恕的对象。

不过,仇恨最好与恐惧结合在一起。在一切罪之中,唯有怯懦胆小是完全痛苦的——不敢期待未来,不敢感受现在,不敢回忆过去;仇恨则会带来些许快感。因此,一个心里害怕的人常常以仇恨作为补偿,弥补自己担惊受怕的痛苦。他怕得越厉害,就会恨得越厉害。仇恨还是一剂了不起的止痛药,可以医治羞耻感。为了重创他的仁爱之心①,

---

① 此处原文为 charity。——译注

你应该首先挫败他的勇气。

这是一个烫手山芋。我们已经使人类为自己的大多数罪感到骄傲了,怯懦胆小却是个例外。每当我们几乎就要成功地让他们为自己的怯懦胆小自鸣得意的时候,仇敌就允许一场战争、一次地震,或其他某种灾难发生,勇气立刻变得极其宝贵可爱起来,如此显而易见,连人类都可以一眼看出它的可贵,于是我们所有的努力全部付诸东流,所以,现在至少还有一种罪会让他们从心底里觉得羞耻。在我们的病人们内里引出怯懦之心的危险在于,我们可能会让他们真正认识自我,进而厌弃自我,最终导致悔改和谦卑。实际上,在上一场战争中①,成千上万的人就是因为发现自己怯懦胆小,才首次发现整个道德世界的。在和平年代,我们可以让他们当中很多人彻底忽视善与恶;在危险处境中,善恶问题粉墨登场,逼着他们去正视,连我们也无法使他们对此视而不见。一个残酷的问题摆到了我们面前,让我们进退两难。我们若在人群中倡导公义仁爱,就正中仇敌下怀;而我们若指引他们行奸邪之道,就迟早会导致(因为他允许这样的行为导致)一场战争或一次革命,于是,“是怯懦退缩还是勇敢向前?”这个无法回避的问题就会把成千上万人从

---

① 此处似指第一次世界大战。——译注

道德昏睡中唤醒。

实际上，这可能是仇敌创造出一个危险丛生之世界的动机之一——在这样一个世界里，道德问题确实变得尖锐起来。和你一样，祂也知道勇敢不仅仅是德性中的一种而已，而且还是每一种德性在经受考验时的表现形式，也就是说，在最为真实的那一刻的状态。仁爱若屈服于危险，就只是有条件的仁爱，诚实或恩慈也是如此。在危险临近之前，彼拉多①一直很仁慈。

因此，我们若把你的病人变成了一个懦夫，很可能只是得失参半而已；他可能会因此过多地了解自己！当然，机会总是有的，这人意识到自己胆小后会感到羞耻，不要麻醉这种感觉，相反，要加深这种羞耻感，并制造出绝望。这样就打赢了一场大仗。这表明，他之所以相信并接受仇敌赦免了自己其他的罪，只是因为他还未充分意识到那些罪有多么邪恶——而对自己内心深处引以为耻的罪，他无法寻求宽恕，也不相信自己可以得到宽恕。但怕就怕你已经让他在仇敌的学校里学得过于深

① 彼拉多(Pontius Pilate)是罗马帝国犹太行省的执政官(公元26年－公元36年)。根据《圣经》福音书所述，他曾多次审问耶稣，原本不认为耶稣犯了什么罪，想要释放耶稣，却在仇视耶稣的犹太宗教领袖的压力下，判处耶稣钉死在十字架上。——译注

入，以致于他知道，绝望是一种罪，而且比任何一种引起绝望的罪都要严重。

至于如何诱使人变得怯懦胆小的那些具体技巧，不需要说得太多。要点就是，事前预警可以加深恐惧。你的病人被勒令遵行的那些公共预警措施，过不了多久就会变成例行公事，不再有加深恐惧的效果。你应该让他在脑子里（就是靠近他要尽忠职守这一清醒意图的地方）不住盘算，为了让自己更加安全些，在自己的职责范围内哪些事能做，哪些事不能做。让他的思想远离那个简单的法则（"我要坚守岗位，做某某事"），使他的心思意念绕到一连串想象出来的救命稻草上去（如果我极不愿意看到的 A 情况发生了——我还可以做 B——而若发生最糟糕的状况，还有退路 C）。可以使他去迷信，只要他没意识到自己在迷信就行。关键是要让他感觉到，除了仇敌以及仇敌所提供的勇气之外，自己还有某种东西可以依靠，这样一来，下意识里所有那些小小的保留会把恪尽职守这一承诺刺得千疮百孔。为了预防"最糟糕的情况出现"，他会逐渐积攒起一系列想象中的应急方案。你可以让他在不知不觉之间认定，最糟糕的情况应该不会发生。然后，在真正恐怖降临的那一刻，你就赶紧让这种侥幸想法涌入他每根神经和肌肉，他还没搞清楚你要干嘛，就已铸成大错。要记住，怯懦胆小的行为才是关键;害怕的情绪本身不是罪,尽管我们很欣赏,却对我们没有半点好处。

疼爱着你的叔叔

私酷鬼

## 30

亲爱的瘟木鬼：

你是不是以为派你到这个世界上纯粹是为了让你自我消遣而已？有些时候我真怀疑你就是这么想的。我根据地狱警察局的报告而不是你那空洞得可怜的报告推断，那个病人在第一次袭击期间的行为简直是糟糕透顶。他一度非常害怕，并认为自己是个十足的懦夫，因此没有丝毫骄傲的感觉；但是，他恪尽职守，甚至还可能做了一些分外之事。面对这一场大危机，你所有的功劳就是让他对一只绊倒他的狗发火、多抽了一些烟、忘记了一次祷告。你有困难，向我发牢骚又有什么用？你若要根据仇敌那种"公正"观，提出要把时机和你的动机考虑在内，那信奉邪教的指控会不会落到你头上，我就不能保证了。无论如何，你很快就会发现地狱的公平是极为现实的，而且只关心结果。把吃的带回来给我们，否则就把你给吃了。

你说你仍盼望能从病人的困倦疲乏上得到些好的结果，这是在你信中唯一一段有建设性的话。话说得是够好的。但这个结果不会自动奉送到你手上。困倦疲乏能够让人变得极度温和、心境平和，甚至还会产生出像洞察力这样的东西。你若常看到人因为疲倦而生气、怨恨和不耐烦,那是因为那些人有能干的魔鬼相伴。适度的疲倦反而比完全精疲力竭更能滋生出暴躁脾气,这似乎说不通,但事实却正是如此。这部分取决于身体因素,部分取决于其他原因。单单有那样的疲倦还不能制造出这愤怒。对一个疲惫不堪的人提出出乎他意料之外的要求才能引发怒火。不管人期盼的是什么,他们很快就会认为自己有权得到那些东西;我们不费吹灰之力就可以把这种失望感转化为受伤的感觉。如果人们已经接受了那些无法补救之事,如果他们对解除痛苦已经不抱任何希望,并且不再思考下一刻会发生些什么,他们就开始有陷入谦卑温顺之疲倦的危险。因此,为了从病人的疲倦中取得最好的结果,你必须要煽起那些终究会落空的盼望。要让他相信空袭不会再来了,并使那些看似正确的理由在他脑子里生根发芽。让他希望明晚可以睡个安稳觉,并使他不断用这个想法安慰自己。因为人们常会在压力就要结束的这个关口感觉自己几乎无法支撑下去,或者是在他们认为压力快要结束的时候有难以为继的感觉;就让他认为这一切很快就会过去,进而将疲倦困乏夸大。和怯懦问题一样,在这里要避免的一件事就是完全委身。不管他怎么说,不要让他下定决心默默地忍受发生在自己身上的一切,而是“在一段合理的时间内”逆来顺受——然后让这段合理的时间短于考验可能要持续的时间。不需要短太多;在痛苦的终结几乎就在眼前的时候(要是他们知道这个,就不会屈服了)使人缴械投降,是我们在攻击忍耐、仁爱和刚毅时的乐趣所在。

我不知道病人是否有可能在极度疲倦的时候去和那个女孩见面。事实上,累到某种程度后,疲倦让女人变得话多,让男人变得话少,如果他去见那女孩了,就要充分利用这一点。从这里可以滋生出很多私底下的嫌隙厌恶,连恋人也不例外。

病人现在正亲眼目睹的一幕幕景象也许不会成为在理性上攻击信仰的素材——他的理性已经不在你掌控之下了,这是拜你之前的失败所赐。不过,还有一种情感上的攻击可以尝试。当他第一次看到断壁残垣上血肉横飞的时候,就让他感觉这是"世界的真实面目",而他的宗教不过是纸上谈兵而已。你会注意到,他们对"真实"这个字眼的理解已经被我们搅得含混不清了。他们告诉对方,某种强烈的精神体验"只不过是在一幢灯火通明的房子里听了些音乐罢了,这就是真实发生的一切";在这里,"真实"是指那些看得见摸得着的简单事实,独立于这次经历中他们实际感觉到的其他内容。另一方面,他们也会说"你在这里坐在靠背椅上,对高台跳水倒是能侃侃而谈,不过,还是等到你自己站到台子上,明白真实的高台跳水是什么滋味以后再高谈阔论不迟。"在这里,"真实"用来表达相反的意思,不是指有形的事实,(这些事实在他们坐在靠背椅上面谈论这件事的时候就已经知道了。)而是指有形事实作用于人类意识后产生的感情效应。这个字眼的两种用法全都无可厚非;不过,我们的工作就是要让这两种含义并行不悖,这样一来,"真实"这个字眼的动人内涵可以根据我们的需要,一会儿是这种含义,一会儿是那种含义。目前,我们已经把基本规则在他们中间很好地建立起来了,即在所有让他们更加快乐或更好的经历当中,只有看得见摸得着的事情是"真实"的,精神因素则是"主观"的;而在所有那些让他们沮丧或败坏的经历中,精神因素就是重要现实,忽略了它们就是在逃避现实。这样一来,在出生时,流血和痛苦是"真实"的,而喜悦只不过是一种主观感受;在死亡时,恐惧和丑陋则揭露出了死亡的"真实含义"。一个被憎恶之人的可恨之处是"真实"的——在仇恨中,你看到的是人们的本来面目,于是幻想破灭,醒悟了过来;而所爱之人的可爱之处,只不过是一团主观的障眼迷雾,掩饰着一个性欲或钱财方面的"真实"内核。战争和贫困的可怕是"真实"的;和平与富足则纯粹是一个物质事实,只不过碰巧人们对这些事实过于动感情而已。这些受造物常常指责别人贪得无厌,"又要马儿跑,又要马儿不吃草";但由于我们的辛勤工作,他们更多时候是处在喂马儿吃饱草之后,却让马儿闲着不跑的尴尬境地。只要处理得当,你那病人看到尸横遍野时的悲愤之情,会轻而易举地被他当成是对真实的启示,而快乐的孩子或晴朗天气所带来的愉悦之感,则纯粹是在感情用事罢了。


疼爱着你的叔叔

私酷鬼

## 31

我亲爱的、最最亲爱的瘟木鬼,我的小乖乖,我的心头肉:

现在,一切都完了,你哭哭啼啼地跑过来,说我称呼你的用词一向非常亲热,你问我,是否所有这些从头到尾都只是说着玩的,这真是天大的误会。才不是这样呢！放心好了,我爱你,正如你爱我一样,一分不多,一分不少。我一直以来都渴望得到你,就像你(可怜的傻瓜)渴望得到我一样。区别在于我比你更强大。我想它们现在要把你交给我了,或者把你的一小块分给我。我爱你吗？哎呀,当然爱了。你就像我一直念念不忘、垂涎不已的一小口珍馐美味一样。

你让一个灵魂从你指缝间溜走了。这一失败致使饥荒加剧,愤怒的嗥叫在整个喧嚣王国回荡,刺破层层地狱,直传到最深处王的宝座那里。一想到这个我都快要疯掉了。它们从你手中把他夺走的那一刻所发生的事情,我再清楚不过了！当他第一次看到你的时候,他的眼睛忽然一亮(难道不是吗?),这时,他认清了你在他身上曾经占据过的那块地方,然后知道该处已经不再受你控制了。好好想想(就让你垂死挣扎的剧烈痛苦从这里开始吧)他在那一刻的感觉如何;就像久治不愈的一个疮口脱痂,就像他从一层丑陋无比、硬邦邦的癣疮中破壳而出，就像他永远而彻底地脱下一件肮兮兮、湿漉漉、黏糊糊的衣服。地狱为证，他们还在世间的时候，看到他们脱掉肮脏不适的衣服，泡在热水里，把自己放松的四肢舒展开来，发出快乐的呻吟时，我们就已经够痛苦的了。更何况这次是终极解脱，彻底洁净？

这事越想就越严重。他这么容易就过关了！没有那种愈发加深的疑惧，没有医生的宣判书，没有被送去护理院，没有被抬进手术室，没有对活下去抱有虚幻希望；只有刹那间纯粹的释放。上一刻看上去是我们完全掌控的世界：炸弹的尖啸声、房屋的倒塌声、嘴唇上和肺里都满是烈性炸药的臭味、脚步沉重而疲倦、心由于恐惧而变得冰冷、头晕目眩、大腿剧痛；下一刻，所有这一切都过去了，就像一个噩梦一样结束了，这一切永远不再重要了。一败涂地的傻瓜！你就没注意到这个在地上出生的寄生虫进入新生命时有多么自然吗？就好像他天生就该得到新生一样。就在眨眼之间，他所有的怀疑怎么能全都变得可以一笑置之了呢？我知道这个家伙要自言自语些什么！"是的。当然。一向如此。所有的恐怖之事都遵循一样的程序，越来越糟，然后把你逼上绝路，当你以为自己肯定会崩溃的时候，看哪！你从窄缝中脱身出来，一切忽然好转。牙拔得越来越痛，之后那颗坏牙就拔出来了。梦成了一场噩梦，之后你就醒过来了。

你渐渐死去,后来死亡,之后你就超越了死亡。我以前怎么会去怀疑这一点来着?"

在他看见你的时候,他也看到了它们。我知道这是怎么一回事。你跟跄退后、头晕目眩,它们伤你的程度比他被炸弹炸伤的程度更重。这个用泥巴捏出来的东西可以挺直腰杆站在那儿和诸灵①交谈,而你作为一个灵,只有在一旁哆嗦的份儿,真是潦倒落魄啊! 你或许巴望这种敬畏感和陌生感可以把他的快乐毁掉。但可恶之处正在于此;对于一个凡人的眼睛来说,诸灵是陌生的,可它们并不是第一次和他打交道。在那一刻到来之前,他对它们看起来会是什么样子一点概念也没有,有时候甚至怀疑它们的存在。但当他看到它们的时候,他就知道自己一直以来都和它们相熟,同时还意识到每一个灵都曾经在他的生命中很多时刻翩然降临过,而当时他还以为自己是孤单一人呢,所以现在他可以一个一个地对它们说"原来是你啊",而不会问"你是谁"? 在这次会面中,它们和它们所说的一切都是在唤醒记忆。自婴幼儿时代起,他在孤单一人的时候,就隐隐约约感觉到周围有朋友存在,这种感觉一直萦绕于怀,现在,他终于明白是怎么一回事了;那心灵最深处的音乐,散落在每一

----

① 原文为"spirits"。——译注

个纯真体验中,似曾相识,却一直无法忆起,而今终于寻回。他认出了它们,因此,在尸体四肢还未完全僵直之前,他就已经对它们的陪伴感到自在起来。只有你孤零零地在外面受冷落。

他不仅看到了它们;他也看到了袘。这个畜生,这个在床上生出来的东西,可以和袘面对面。对你来说,这是一团眼花缭乱、炙热窒闷的火焰,现在对他而言则是清凉宜人的亮光,本身通透明净,披戴着人的外形。你的病人在仇敌临在面前俯伏拜倒,自惭形秽,对自己一切罪全都了然于心(是的,瘟木鬼,甚至比你了解得还要清楚);你自己在碰到天堂之心呼出的致命气息时感觉到憋闷窒息、瘫痪无力,就推想病人此时也和你一样痛苦,要是能这样解释就好了。但这全是胡扯!他可能还是不得不承受痛苦,但是他们拥抱这些痛苦。他们不愿意拿这些痛苦去与世上任何一种快乐交换。一切感官快乐、一切感情上的快乐,或者他本可以用来捕获他的那些智慧之乐,甚至是德性本身的快乐,现在对他而言,就像一个浓妆艳抹的妓女对一个男人摆出有点让人倒胃口的媚态,而这个男人终其一生都真心爱慕着另一个女人,他以为她已经死去,可刚刚听说她还活着,而且现在就站在他家门口。那个痛苦和快乐呈现出无限价值的世界让他着迷,在这个世界中,我们所有一切的筹算全部落空。那个难解之谜再次摆在了我们面前。除了有一群像你自己一样不中用的魔鬼之外,最让我们头痛的就是我们情报局的无能。要是我们能够知道他到底在搞什么名堂就好了! 唉呀,唉哟,在这谜底中有某种东西极为可恨可恶,然而这谜底却是权力之必须! 有些时候我几乎要绝望了。让我支持下去的唯一信念就是我们的现实性最终必定胜利,我们(面对一切的诱惑)拒绝所有愚蠢的胡话和哗众取宠的空话。与此同时,我还要和你把账算算清楚。以最为诚挚之心,亲笔签下我的名字,

那越来越爱你,爱得想把你一口吞下的叔叔

私酷鬼

# 私酷鬼致祝酒辞前言

C. S. 路易斯于 1963 年 11 月 22 日离世前不久，才完成了本书的收集整理工作。书中几乎全部在谈信仰，这些篇章出处各异，有的曾出现在文集《他们向我约稿》中，该文集涉及的主题包括文学、伦理学和神学。"私酷鬼致祝酒辞"最初是作为精装本《魔鬼家书暨私酷鬼致祝酒辞》①的一部分在英国出版，该书包括原版的《魔鬼家书》、《祝酒辞》，以及由路易斯为新书撰写的一篇前言。与此同时，《祝酒辞》在美国也已经刊出，起初作为一篇文章发表在《星期六晚邮

① *The Screwtape Letters and Screwtape Proposes a Toast*，Geoffrey Bles，London，1962.

报》上，后又于 1960 年间出现在精装文集《世界的最后一夜》[①]中。

在为《魔鬼家书暨私酷鬼致祝酒辞》一书新作的前言中——此前言我们在本书再次刊出，路易斯介绍了"祝酒辞"如何怀胎、问世的来历。称这篇致辞为"又一封地狱来信"是很不恰当的。不错，路易斯描述的那种"魔鬼腹语"的手法，仍然在致辞中使用：私酷鬼口中的白的，恰恰是我们口中的黑的；私酷鬼欣然相迎的，恰恰是我们闪躲骇惧的。可是，虽说祝酒辞从广义上还保留着"魔鬼家书"的形式，但它与原"魔鬼家书"的内在联系却终止了："魔鬼家书"主要关注个人的道德生活，而在"祝酒辞"中，问题的实质却转化为尊重和启迪青年男女心灵的必要性。

"无心快语"（麦格达伦大学教堂的一场讨论）首次在一本书中刊出。"内在的指环"是 1944 年在伦敦国王学院[②]的一次纪念演说。"神学是诗吗?"及"论信仰的顽强"是在苏格拉底学会上宣读的两篇论文，后分别于 1944 年和 1955 年在"苏格拉底学会文摘"上发表。"换位"是在牛津曼斯菲尔德学院[③]的一篇言辞，稍微作了扩充；"荣耀的重

---

① *The World's Last Night*，Harcourt Brace and World，New York.

② King's College，University of London.

③ Mansfield College，Oxford.

量"则是在牛津圣童贞女玛利亚大教堂的一篇讲稿,起初由SPCK 出版。经许可,这五篇文章一并收入《他们向我约稿》中。"善工与善行"起初在《天主教文艺季刊》刊出,后来收入《世界的最后一夜》。

在《他们向我约稿》的前言结尾,路易斯写道:"这些文章都是在最近 20 年间的不同时期所写,事实上都是属于预备期、萌芽期的作品。可能,有些读者看到某些段落会联想到我更近的作品。我勉强说服自己:并非内容重叠就命定了不能再版。"想及此,我们也深感欣慰,因为路易斯也以同种方式说服了自己,同意出版这本平装本文集。

# 私酷鬼致祝酒辞

[场景：地狱，试探鬼培训学院正在为青年魔鬼举办年度晚宴。校长嗞拿鬼博士刚才向各位来宾致以健康的祝愿，荣誉嘉宾私酷鬼起身作答。]

校长先生，临头大祸阁下，众耻辱阁下，我的众荆棘、众阴影、众绅魔：

你们好！

照惯例，在这种场合下，演讲者应该主要向你们当中刚刚毕业、很快就要派往地上从事正式试探工作的魔鬼讲话。我很乐意遵循这一惯例。我自己还清楚地记得，自己当初

153

怎样战战兢兢地等候我的第一份委任状。我希望、并相信你们各位今晚也将同样度过一个不眠之夜。你们的职业生涯就在面前，地狱总部期待、并要求你们务必做到成功而无懈可击，就像本魔鬼一样；不然的话，你们知道下场是什么。

我无意弱化有益而真实的恐怖因素——无休止的焦虑。这焦虑须像皮鞭抽打在你们身上，催迫你们发奋图强。多少时候，你们会羡慕人类的睡觉才能。不过，与此同时，我也想着眼全局，适当将一些能够激励你们斗志的战略宏图摆在你们面前。

你们可怖的校长先生适才讲话，口口声声说要为摆在你们面前的宴席致歉。好了，好了，各位绅魔，我们谁都没有责备他。不过，这些人类灵魂——我们整晚就是以人类的焦虑为食——的素质实在差，味同嚼蜡，你不承认也没用；就算我们的人肉叉使出所有绝招，也未必能把它们调理得味道好些。

啊，要是再来上一盘"法利纳塔"①、"亨利八世"②，甚至一顿"希特勒"，该多好啊！"咔嘣、咔嘣"，那才叫香，那才有嚼头！其狂暴，其自私自利，其冷酷，也就比我们魔鬼稍逊

---

① 但丁《神曲·地狱篇》中的角色。
② 英国都铎王朝的第二位国王，他统治下的 38 年是英格兰发生重大变化的时期，最重要的是 16 世纪的宗教改革。

一筹！它们摆出一副拒不让吞的架势,令你垂涎欲滴！吃下去,你的五脏六腑都会被捂得暖和起来。

可是,今晚我们吃什么了呢?一个市政官员,用"贪污受贿酱"拌了一拌。就本魔鬼来说,我从这盘菜里面既吃不出真正情欲的滋味,也吃不出那种香甜的兽性和贪婪的滋味,就像我从上个世纪里的巨头们身上吃到的一样。难道他不过是一个你绝不会弄错的"小人"吗?——一个私藏小回扣,私下在口袋里揣着一个不起眼的玩笑,公开讲话时就用陈词滥调否认自己的行径的受造物;难道他不过是一个随波逐流地卷入贪污,刚刚认识到自己的腐败,而且主要是因为人人都这么干他才这么干的、身上长蛆的无名鼠辈吗?另外,我们还吃了一份温吞吞的"砂锅奸夫"。在这些人里面,你们吃得出哪怕一丝彻底烧着、蔑视一切、充满反叛而又难以餍足的肉欲吗?我可吃不到。他们吃起来,就像性冷淡的傻瓜。他们见了性广告以后发生条件反射,误打误撞或慢慢吞吞地摸到了不该去的床上;或者,他们只是想自我感觉更时髦、更解放一些;或者,只是想确定自己的性机能,确定自己尚属"正常";甚至,只是因为除此以外,他们实在无所事事。实话实说,对于品尝过"迈萨利娜"①和"卡萨

---

① 罗马皇帝克劳狄的妻子,以荒淫放荡著称。

诺瓦"①的我来说,他们简直让我作呕。或许,倒是那个用"废话"装点起来的工会分子,味道可能还稍许好一点点。他算是真正搞了点儿破坏。他为流血、饥荒、消灭解放出过力,而且不是完全出于无心。是的,在某种意义上他是做了这些事,但那是在什么意义上啊! 他几乎从没思量过那些终极的目标! 勿自亦步亦趋地服从团体,妄自尊大;最重要的是,凡他所作所为,都是出于例行公事——这些才是真正主导他生活的东西。

不过,我们已经进入重点了。就美食而论,这几道菜确实糟糕透顶,但我希望在座的没有一个会把美食放在首位。从另一种远比美食更严肃的意义上看,难道他们不是充满了希望、大有可为吗?

首先,只要想想数量的问题。质或许不堪,但就数量而论,我们从来不曾拥有比现在更多的灵魂(次品)。

再想想这胜利。我们很想说,这样的灵魂——或者说从前曾经的灵魂的废料——几乎不配享受"诅咒";是的,但"敌人"(不管出于什么样不可思议的、歪曲的理由)却认为他们值得一救。相信我,他真作如此梦想。你们这些年轻的小鬼,还没上过真正的战场,跟你们讲要付出怎样的艰

---

① 意大利富传奇色彩的冒险家,追求女色的情圣。

辛,要运用怎样高妙的手段,才最终逮牢这些可悲的受造物,就好比对牛弹琴一样。

困难恰恰在于他们的渺小和懦弱。这里尽是些寄生虫,脑子糊涂得像泥浆;对环境的反应又是极消极,以致你想提拔他们,让他们保持头脑清楚、深思熟虑——只有达到这个层次,才有可能犯下弥天大罪——那简直难上加难。你提拔他们的力度既要足够,又万不可让他觉得"过分",不要去碰那至关重要的最后一毫米。因为到那时,你的一切努力很有可能功亏一篑。他们也许醒悟了;也许悔改了。另一方面,如果你提拔的力度太小,他们很可能就只配站在地狱外围,既不适合上天堂、也不适合下地狱;因为不合格,所以,只能永远沉沦为某种类似低级人类的东西,却沾沾自喜。

每次,当这些受造物作出"敌人"称之为"错误转向"的个人选择时,一开始,他们几乎都没有——如果不是彻底没有的话——充分承担起他们的属灵责任。他们要么不明白自己将打破的禁令到底出自何处,要么不清楚这些禁令的真实性质何在。一旦离开身边的社会氛围,他们的知觉就荡然无存了。当然,我们已经设法确保他们的语言必须是模糊的、暧昧不清的;别人会宣判为"贿赂"的,在他们口里就成了"小费"或"礼物"。你们如果作这些人的试探鬼,那第一要务就是稳扎稳打,透过不断重复,巩固他们这些朝向地狱之路的选择,使之成为习惯。但接下来(这才是至关重要的),你们就要将此习惯转化为原则——一个受造物随时准备去保护的原则。如此,就万事大吉了。一开始,他们对社会风气的服从只是出于直觉,甚至只是机械式地服从——既是"肉冻",岂有不从之理呢?而现在,服从变成了非公开的信条,成了"团结"或"跟大家一样"之类的观念。以前,只是不知晓他们打破的律法,现在却形成了关于律法的暧昧理论(要记得他们是从来都不管什么过去的)——一种他们用"习俗"、"清教徒"或中产阶级"道德"来称呼的理论。于是,渐渐地,在这些受造物的中心,就形成了一粒坚硬、结实、生得牢牢的决心之核,打算一直像目前这个样子存在下去,甚至打算把那些可能使它变形的情绪都拒之门外。它非常小,一点儿也不反光(这些受造物太无知),一点儿也不反叛(他们情感和想象力的贫乏排除了这种可能);相反,它几乎可以算是洁净端庄的;就像一粒鹅卵石,或者一个刚刚萌芽的毒瘤。但它将会使我方得益。到此,一种真正的、深思熟虑的——虽然没有明说——对"敌人"谓之"恩典"的那种东西的弃绝总算形成了。

于是就有了两种可喜的现象。第一,我们的俘虏数量巨丰。无论饭菜多无味,总归不会有饥荒之虞。第二,我们胜利了。我们的试探鬼从未显露过如此高超的技艺！然而，我还没有谈到第三，这第三才是重中之重，是真谛。

这一类灵魂（我们今晚所吃的——我不想说享宴，唉，算了吧，无论如何这些总可以果腹了——就是这类灵魂的绝望和毁灭）的数量正在增长，而且还会继续增长。我们收到"地下司令部"的意见，向我们证明这一情况属实；另外，"地下司令部"有旨下达：一切战术务必从这种情况出发并灵活地加以调整。在那些"大"罪人里面，活跃可喜的情欲是超出界限的，他们里面的意志力也都倾其所有投在"敌人"禁止的那些目标上，这种人不会消失，但会越来越稀少。这意味着，我们的猎物之众，将是前所未有的，但也会越来越多地尽由些垃圾组成——我们从前本该把这些垃圾丢给刻耳柏洛斯①和地狱里的狗消受的，因为由我们魔鬼去吃这些垃圾，实在不成体统。关于这一点，有两件事希望你们明白：第一，无论这看起来多么地沮丧，但它其实是一种好的改变；第二，要使改变向着好的方向走，我要你们注意方式方法。

这是一种好的改变。制作大（而且美味可口的）罪人所用的原料，与制造那些恐怖现象——大圣徒——所用的原

①　厄喀德那和堤丰的后代，希腊神话中的地狱看门犬。

料没什么两样。假如这些材料真地消失了,对我们而言,就意味着淡而无味的饭食;但对"敌人"而言,难道不也是彻底的挫败和饥荒吗?"敌人"创造人——并成为他们中的一员、在他们中间忍受痛苦以致于死——并不是要为地狱外围输送替补人员,也不是为了制造"不及格"的人;他是想制造圣徒、神、像他一样的东西。与这认识相比,你们眼前寡味的饭菜难道不过是区区代价吗?这可是鲜美的认识:"敌人"的全部伟大试验正在走向破产,还不止于此。随着大罪人越来越少,以及大部分人彻底丧失独立性,大罪人作为我们的代理,比以前要有效多了。如今,每个独裁者,甚至每个蛊惑民心的政客——以及几乎每个影星或哼哼靡靡之音的歌星——都能吸引好几万的"人羊"尾随其后。"人羊"把自己(就是他们里面所有的)交付给大罪人;借着交付大罪人,又交付给我们。没准儿会有么一个时代:到那时,除极少数人以外,我们再也不用费神去个别地试探人了。只要抓住领头羊,整群羊都会跟上来。

可是,你们是否看到我们是如何取得成功的?我们何以把芸芸众生贬黜到了零的水平上?这并非偶然。面对不得以的最严峻的挑战,我们曾作出这样的回答——也是一个绝妙的回答。

请允许我提醒你们19世纪后半叶——此间我结束了

实习试探生的工作,荣升到一个管理职位上——人类的情况。那时候,人间"伟大"的自由平等运动结出了累累硕果,长势已然成熟:奴隶制被废除;美国独立战争取得胜利;法国革命取得成功;宗教宽容几乎遍地开花。在那场运动中,本来有许多因素是合我们口味的:大量的无神论,大量的反教权主义,大量的嫉妒和复仇欲,甚至有人浑水摸鱼,试图(实在是胡闹)复兴异教信仰。很难说我方对此该持何种态度。一方面,这场运动对我们曾经是——至今仍然是——一场猛烈的袭击:不管什么样的人,从前饥饿的,现在都可以喂饱;从前长期锁链缠身的,现在都可以击开锁链。然而另一方面,运动中也有大量反信仰、物质主义、世俗主义以及仇恨的因素,甚至我们觉得自己也可以在上面煽煽风、点点火了。

　　然而,进入 19 世纪后半叶,情况变得单纯了许多,远不如以前那么吉星高照了。英语地区(我看到,我的一线作战绝大多数都在这个地区)发生了一件可怕的事。"敌人"要弄他一贯的伎俩,在很大程度上掌握了这场正在发展中的自由化运动,并使之掉头朝他自己的目标:运动中那些旧的反基督教分子少有余留;一种称为基督教社会解放运动的危险现象一时间甚嚣尘上;那种美好的、靠工人血汗起家的旧式工厂主,不是被他们厂里的工人暗杀——我们本来可以对此加以利用的,而是遭到阶级内部的谴责;有钱人越来越多地放弃了他们的权利,不是迫于革命无奈为之,而是顺从自己的良心;至于从中受益的穷人,其表现简直令人失望至极,他们居然没有——就像我们理所当然指望并期待的那样——乘着新弄到的自由烧杀抢掠,或者哪怕去追求长久陶醉,而是反其道而行:趁此机会把自己弄得更干净、更整洁;生活得更节省;接受了更多教育,甚至把自己弄得更有美德! 诸位绅魔,相信我,那时候,某种类似真正的健康社会的东西,似乎在不折不扣地严重威胁着我们。

然而,亏得我们在地下的父使我们避开了危险。我们又从两个层面发起了反攻。在最深一层,我方庄家设法将运动中从初期就存在的一种因素善尽其用,在这场争取自由的运动底下,同时也潜藏着对人身自由的强烈的敌意。是那宝贝儿卢梭最先将这种敌意表现出来。你们记得吧,在他绝妙的民主主义里面,只允许国教存在,奴隶制死灰复燃,个人更被告知说,凡政府叫他去做的事,他自己其实本已愿意了(虽然他自己并未意识到)。于是乎,我们就以卢梭为出发点,再经由黑格尔(我方又一位必不可少的吹鼓手),轻而易举发明了纳粹体制。就是在英国,我们也已经大功告成。前些日子我听说,那国的人如果未经许可,甚至不能用自己的斧子砍倒一棵自己的树,用自己的锯子把树锯成板条,再用这些板条在自家花园里搭建一间工具棚!

以上是我们发动反攻的一个层面。你们是新手,这一类工作还不会交给你们。你们作为试探鬼的任务是专攻个人。对他们或者说透过他们,我们的反攻则采取另外一种形式。

"民主"——这是一个妙词儿,你们必须用它来牵着那些人的鼻子走。我们的语言学专家在败坏人类语言方面已经做了出色的工作,所以我没必要再来警告你们:绝对不要容许人给这个词儿以清晰可限定的含义。不,他们不会这么做的。他们永远也不会意识到,从严格的意义上讲,"民主"这个词只适合作为一种政治制度的名称,甚至只适合作为一种选举制度的名称;他们也永远不会意识到,民主这东西跟你们设法兜售给他们的玩艺儿之间,有着天壤之别,几乎完全不搭边儿。当然,也绝对不要容许他们重提亚里士多德的问题:"民主行为"究竟指民主主义所喜欢的行为呢,还是指将会保存某个民主制度的行为呢?因为他们一旦提出这个问题,就几乎不可能意识不到二者并不必然是等同的。

你们要把这个词用作纯粹的口头禅;如果愿意,你们可以单纯利用它好卖的长处,人们乐于买它的帐。这是一个为他们所顶礼膜拜的词儿。当然,这个词儿跟他们关于人人都当受到公平对待的政治理想是有联系的，所以你们就来个偷梁换柱，暗地在他们脑瓜子里把这个词转换一下，从表达此种政治理想，转换成一种实际信仰：人人都"是"平等的。尤其是你们正在对付的人，一定要在他里面完成这一转换。其结果是，你就可以利用"民主"这个词儿，叫人类认可一切他们感觉中最觉耻辱（也是最让人不快）的感觉。你可以叫他非但不觉其羞耻，而且还在脸上泛出一抹积极的、自我肯定的红光；让他践行这种假如没有"民主"这个充满魔力的词儿作掩护就会招致全宇宙的嗤笑的行为。

当然，我说的那种感觉会驱使人说出这句话来："我跟你一样棒。"

于是，我们得到的第一个也是最明显的好处就是：你诱使他把一句美好的、有理有据的但却彻头彻尾的谎言扶上了生命的中心。我不仅是说他的声明实际上是虚假的，也不仅仅意指在仁慈、诚实、判断力方面，与所遇的每个人相比，他并非与别人等同，正如他在身高或腰围上跟他们也不等同一样；我更是说，这话其实连他本人也不信。因为凡是说"我跟你一样棒"的人，没有一个是这么认为的。他要是真这样认为，就不会这样说。圣伯纳德绝不会对玩具狗说，"我跟你一样棒"；拿奖学金的学生绝对不会对低能儿说，"我跟你一样棒"；可用之才绝对不会对无业游民说，"我跟你一样棒";漂亮女人绝对不会对丑女人说,"我跟你一样棒"。除了严格意义上的政治领域外,只有在某种程度上自感不如别人的人,才会要求平等。确切地说,这句话正好表现了有病的人的自卑感,自卑感弄得他痒痒、刺得他生疼、揪住他的心,可他仍拒不承认。

于是,我们又得到另一个好处:怨恨。怨恨他人身上一切优于自己的方面,诋毁之、恨不得灭绝之。不久,他就开始怀疑每一样仅仅属乎差异的东西,一看见差异,就认为别人是在自诩优越。无论在声音、衣着、习惯、消遣方式,或是食物的选择上,谁也不许跟他不一样。"这里有个人英语说得比我清楚、比我好听——那肯定是卑鄙自负装模作样的矫揉造作;这里有个家伙说他不爱吃热狗——他肯定自视太高,以为热狗配不上他;这里有个人还没有开电唱机——他肯定是那种特清高的家伙,这么做只是想作秀。他们如果是正常人,本该跟我一样。他们没权利跟我不一样。那是不民主的。"

这个有用的现象就其本质而言,绝对不是什么新东西,它已经以"妒忌"冠名,被人类认识几千年了。迄今为止,人类一直都把"妒忌"看作最讨厌、最滑稽可笑的罪恶。意识到自己感觉到妒忌之心的人,心里都暗藏羞愧;没有意识到却怀有妒忌之心的人,则丝毫不能容忍别人心怀妒忌。在目前的情况下，可喜的新鲜事儿是，你们可以让忌妒之心受到赞许——把它变成高尚甚至是值得赞美的，其方法就是假"民主"之名，把"民主"这个词变成他们的口头禅。

在"民主"这个口头禅的影响下，那些在某方面或各方面不如人的，如今就较以往任何时候更加全心全意、更加卖力，好把别人都贬低到自己的水准上，而且做得比以往任何时候都更卓有成效。然而，还不止于此。受同样的影响，有些人本来已经接近——或者有可能接近——对丰富人性的理解，审时度势之下，实际上也就退缩了，因为他们担心自己"不民主"。据可靠消息，如今人类当中那些年轻的家伙，有时会压抑他们刚萌芽出来的对古典音乐或优秀文学作品的喜爱之情，因为那会妨碍他们"跟大家一样"；那些真心想变得——而且也得到了足够用的"恩典"——诚实、贞洁、谦和的人，都拒绝这份爱好。因为接纳这种爱好有可能使他们变得"不同"，有可能使他们再次冒犯"处世之道"，有可能把他们从"一体"中抽出来，削弱他们与"团体"的"融合"。他们有可能（恐怖至极！）变成个体。

据说一个年轻女人最近的祈祷词尽现了这一切："神啊，帮助我成为一个正常的 20 世纪的女孩子！"由于我们的艰苦努力，这句话将越来越意味着："把我变成骚货、白痴、寄生虫吧！"

与此同时,还有一件可喜的副产品:少数(已经一天少似一天了)不愿变得"正常"、"常规"、"跟大家一样"、"融合"的人,也越来越倾向于变成贱民们认定的那种自命不凡者、怪物(不论何种情形,贱民们都一概这么认为)。猜疑往往能创造出它所猜疑的东西。("反正不管我做什么,周围的人都把我当作巫婆或特务,倒不如我索性就作羊羔,为了羊让人给吊死;于是就真地作了巫婆,或者特务吧!")结果,我们现在就成立了一个知识分子阶层,虽然其势甚弱,于地狱大业却大有用处。

不过,以上我讲的仅仅是副产品。我想要你们集中注意力,牢牢地盯住这样一场波澜壮阔、无所不包的运动:运动的目标乃是怀疑并最终除灭人间的各种卓越之物——道德上的、文化上的、社会上的、知识上的。当今之日,实际上,"民主"(在作为口头禅的意义上)正为我们做着最古老的独裁政治从前用同样的方法做过的事。有此发现,岂不妙哉! 各位都记得,有一个古希腊的独裁者(人们那时把他们称作"暴君"),差遣一位使节到另一个独裁者那里,请教对方治国之道。第二个独裁者领使节走进一片玉米地,在那里,他挥起手中的杖,把高出其他普通玉米植株约一英寸的植株的头——削平。教训何在? 唯平而已。不要容许你的臣民中有任何卓越之人。凡是比其他人智慧的、好的、有名的,哪怕仅仅比一般群众英俊些的,一个也不要留活口。把他们全部削平到一个水准:全都是奴隶,全都是零,全都无足轻重。人人等同。然后,暴君就可以在某种意义上实行"民主"了。如今,"民主"也能干同样的事,而且她自己已足能胜任,无需假借其他暴政。如今,不必谁去用手杖削平整块田里的玉米杆。玉米杆中矮的会自动咬下高的头,而高玉米杆由于渴望变得"跟大家一样",则开始自己咬下自己的头。

我已经说过,要确保这些小灵魂、这些几乎已经不复为个体的受造物享受到"诅咒",是一项费力且讲究技巧的工作。不过,只要你们足够努力,技巧得当,完全可以对结果充满信心。大罪人"看起来"似乎更容易逮住,但他们因此也更变化莫测。也许,你已经耍了他们 70 年,"敌人"却有可能在第 71 年的时候从你们的爪子底下把他们抢走。你们看,他们有能力真正悔改。他们能意识到真正的罪。他们一旦发现事情朝着错误的方向发展,就会欣然为了"敌人"的缘故,挑战周围的社会压力,就如从前为我们的缘故挑战那些压力一样。在某种程度上,追赶、拍打一只亡命黄蜂,比近距离射杀一头野象的确要更麻烦;然而,如果你没有射中野象,那么更麻烦的就是野象了。

我刚才说过,我自己的经验主要来自英语地区,直到现在,我从那里得到的消息仍然比别处更多。可能我下面要说的话,并不完全适用于你们当中某些魔鬼正在作战的地区,但你们到了那里以后,可以根据我所说的加以必要调整。不管怎样,我的话十之八九都会有某种程度上的适用性。如若不然,你们就得好好下一番功夫,使你们负责的国家变得更像英国现在的样子。

在英国那块大有希望的土地上,"我跟你一样棒"的精神已经不止是一种普遍性的社会影响,它也开始悄悄潜入该国教育体系内部。至于目前它在教育方面的影响已达到什么程度,我不想妄下定论。不过,这也不重要,因为一旦你抓住了趋势,就可以轻松预测其将来的发展,尤其是当我们自己也要在发展中起作用的时候。新式教育的基本原则,乃是不可以让笨学生、懒学生感觉自己不如那些聪明勤奋的学生。那样是"不民主"的。学生之间的这些差异必须被掩盖起来——因为显然它们都是赤裸裸的"个体"性质的差异。这些差异可以在各种不同的层面加以掩盖。在大学里,考试要拟定考试大纲,以便所有学生都能拿到好分数;大学入学考试也要有考试大纲,以便所有——或者几乎所有的——公民都能上大学,不管他们是否有任何能力(或愿望)享受高等教育的好处;在中小学校,如果有些学生过分愚蠢懒惰,学不来语言、数学、初等科学,就安排他们去做一些孩子们通常会在闲着没事干的时候做的事,比如让他们做泥巴馅饼,并美其名曰"设计"。重点在于,无论何时,都不可以用哪怕最轻微的方式暗示他们比正常孩子差。他们做的事,不管多没有意义,必须得到"同等的重视"——我相信英国人已经开始使用这个短语了。谋划之周密,莫过于此了。有的孩子够资格升级,却可能被人为地留下,因为其他学生可能因为落后而"受伤"——魔王啊,这是多么有用的一个词儿!于是,聪明优秀的学生在整个学生时代都被"民主地"绑定在同龄人的班级;一个小崽子本来可以应付埃斯库罗斯或但丁,却坐在同龄人中间,听他们费劲巴拉地拼写"一只猫坐在席子上"。

总之,我们可以理所当然地希望,等到"我跟你一样棒"的精神大行其道时,教育在实质上遭到废除也就指日可待了。一切学习动机都将消失无踪,不学习也不会受任何惩罚。少数可能想要学习的人将遭到阻拦;他们是谁,竟要凌驾于别人之上?反正无论如何,教师们——或者我该说"保姆"?——将忙着确保恢复劣等生的信心,忙着拍他们的马屁,根本无暇顾及真正的教学。我们将再也不用作什么计划,再也不用辛辛苦苦地在人间散布那种泰然处之的自负和无药可救的无知了。小寄生虫们自会为我们代劳。

当然了,除非一切教育都变成国家的,否则,这种情况是不会自然而然发生的。不过你们放心,一切教育都会变成国家教育,这也是同一场运动的一部分。为这一目的而设的苛捐杂税,将肃清为让小孩接受私立教育而存钱、花钱、不惜作出牺牲的中产阶级。幸运的是,该阶级的清除不单跟废除教育有关,也是驱使人声言"我跟你一样棒"的这种精神带来的不可避免的影响。毕竟,人类当中占压倒性多数的科学家、医生、哲学家、神学家、诗人、画家、作曲家、建筑师、律师、行政官员,都是由这个社会群体提供的。如果有一拨玉米植株长得过高而必须削掉头部,那一定是中产阶级。正如一个英国政治家不久前所言,"民主不要什么伟大人物"。

要问这样的受造物,"要"的意思到底是"需要"还是"喜欢",是没用的。但你们自己最好保持清醒,因为在这里,又一个亚里士多德的问题冒了出来。

就"民主"这个词儿的严格意义而论——就是那种称为"民主"的政治安排,我们在地狱里将喜见它消失。民主政府跟所有其他形式的政府一样,往往也是替我们效力的,不过,一般来说,它不如其他政府形式为我们出的力多。我们必须认识到,要想从地表上根除政治民主,则就"民主"在我们魔界的意义而言("我跟你一样棒","跟大家一样","团结"),它可能是我们所能利用的最锋利的工具。

因为"民主"——或者说"民主精神"（魔界意义上的）——会缔造出一个丧失伟大人物的民族，一个主要由半文盲组成的民族；会导致年轻一代缺乏约束，道德松弛；会导致过分的自信的泛滥；它用拍马鼓励无知，会导致国民终其一生受姑息受纵容，变得娇气十足。那正是地狱巴不得每个民主人都变成的样子。因为这样一个民族如果跟另一个民族——在另外那个民族中，在校孩童都必须努力学习；才华受到高度重视，而无知群众一个也不许在公共事务中开口——阵上相见，那么，结果只有一个。

最近，有个民主国家在发现苏联科技领先于自己的时候，不禁大为吃惊。这是多么有趣的例子！这足以证明人是瞎子：既然他们整个社会的总体趋势反对一切卓越，那他们为什么还要期待本国的科学家比别国的出色呢？

我们的作用在于，煽动民主政府本来喜欢或喜悦的一切行为、一切习惯和整体心灵态度，因为这些东西只要不经抑制，恰恰会成为破坏民主的东西。你们几乎会觉得不可思议：连人自己都看不到这一点。你们没准儿还以为，就算他们不读亚里士多德（读了就是不民主），法国革命也足以教他们明白，贵族们骨子里喜欢的行为，并不就是维护贵族统治的行为。他们本该把同样的原则也用于各种形式的政府。

但是，我不会在这一点就结束。我可不愿——地狱不允许我！——让你们在自己心里造成一种幻觉，这种幻觉，你们必须精心将它培植在你们人类牺牲品的心里；我指的是以为民族命运本质上比个体灵魂的命运更重要的幻觉。推翻自由民族，多弄出几个实行奴隶制的州来，对我们而言只是一种手段（当然，这也是很好玩儿的）；我们真正的目标是毁灭个人。因为只有个人才能得救或受咒诅，只有个人才能成为"敌人"的儿子或者我们的盘中餐。对我们来说，一切革命、战争或饥荒的终极价值，都在于个体的焦虑、背叛、仇恨、愤怒，以及可能由此引发的绝望。"我跟你一样棒"作为手段，对毁灭民主社会是大有可为的；然而，当它本身作为目的、作为一种心灵状态时，却具有比消灭民主社会远为深刻的价值。这种心灵状态必然将谦卑、仁爱、满足，以及一切让人感受到喜悦的感恩和钦慕都排除在外，从而使人离弃几乎一切有可能领他最终走向天国的道路。

现在要说到我的职责中最愉快的部分了。能够代表各位嘉宾向校长噬拿鬼阁下暨试探鬼培训学院致辞，这是我的荣幸。请各位斟满手中的杯。啊，我看到的是什么？我吸进鼻孔的美妙芳香是什么？这不是真的吧？校长先生，请允许我收回刚才说的一切有关这顿晚宴的埋汰话。我看出来了，我嗅出来了，即便在战时，学院地窖里还有几十瓶密封得很好的陈年老酒——"法利赛人"。好，好，很好。这就像古时之日一样。各位绅魔，请把酒放在鼻子下轻嗅，然后举杯向光。看！那道道炽红的闪光，在黑暗的酒心里翻腾、扭曲，似乎在彼此相残。它们的确在彼此相残。知道这酒是怎么调出来的吗？把不同类型的"法利赛人"割下来，丢在酒醅里踹了，一起发酵，就混合成如此醇厚微妙的滋味。这些类型，在地上最是水火不容。有的满嘴教规、圣物、玫瑰经；有的终年穿着褐色条纹长袍，拉长了脸，斤斤计较于不许喝酒、不许玩牌、不许看戏等传统禁忌。两种类型也有共同之处，一是"自义"（self-righteous），二是他们的真实景况都与"敌人"的"真正所是"或真正的诫命判若云泥。其他宗教的邪恶，在于其教义在每个信徒的信仰中是活的；而法利赛人的宗教呢，它的福音是诽谤，它的长篇祷告是诋毁。从前，在太阳照耀过的地方，他们竟怎样地互相仇恨啊！现在他们被永远糅在一起而又永远不能相和，于是就更是彼此仇恨了。他们的惊愕，他们的怨恨，以及从他们永远不知悔悟的怨隙所生出的溃烂——这一切经过混合，流入我们属灵的消化系统以后，就会像火一样发挥作用。但那将是黑暗之火。归根结底，我的朋友们，倘若哪一天大多数人所谓之"宗教"永远地从地上消失，那就是我们的大凶之日。眼下，它尚能为我们奉上真正鲜美的罪恶。娇艳的邪恶之花只能在那位圣者的近旁生长；在任何地方试探人，都不如在通向圣坛的台阶上来得更成功。

临头大祸阁下，众耻辱阁下，我的众荆棘、众阴影，众绅魔：让我们为噬拿鬼校长、为学院，干杯！

# 后　　记

　　《魔鬼家书》在守望者报①（现已停刊）上连载，那已经是第二次德国战争②时的事了。我希望这些信件没有导致该报夭折。不过，它们让这份报纸失去了一位读者倒是确有其事。一位乡村牧师致信主编，要求退订报纸，原因是"他认为这些信件中所提供的建议错误百出，简直糟糕透顶"。

───────────────

① 守望者报（The Guardian）是一份圣公会周报，创刊于 1846 年，于 1951 年停刊，多年来是英国圣公会的一份颇具影响力的报纸。不可与目前仍然发行的英国知名综合日报：卫报（The Guardian）相混淆。——译注
② 指二战期间的英德战争，《魔鬼家书》在守望者报上从 1941 年 5 月 2 日连载到 11 月 28 日止。——译注

不过,大体上说,这些书信受欢迎程度是我做梦也没有想到的。评论文章不是赞赏有加,就是充斥着那种怒气;这怒气向一位作者表明,他已经击中要害了。该书的销售量一开始就非常惊人(按我的标准来看),之后持续畅销。

当然,作家们并不总是希望书只是卖得好而已。如果你要用英国圣经销售量来估算英国圣经的阅读情况,就会与实际相差甚远。可以说,《魔鬼家书》的销售量也多少遭遇了这种含糊性。它是那种可以送给教子教女的书;是在退修会中拿来大声朗诵的书。我还忍俊不禁地发现,它居然是移居备用卧室的书,搬到那儿和约翰·英格温森的《修路人》还有《蜜蜂的习性》一起过起不受人打扰的宁静生活来了。有时候,购书甚至出于更加丢脸的原因。一位我认识的女士发现,在医院里帮她更换暖水壶的那位可爱的小见习护士读过《魔鬼家书》。她还找出了原因。这个女孩说:"要知道,我们被警告过,护士长和其他人在面试中问完真正重要的技术性问题之后,有时会问起你的兴趣爱好。你最好说自己读过些书。所以他们就给了我们一张书单,上面列着大约十本一般很容易被人接受的书,还说我们至少要读其中一本。""那你为什么要挑《魔鬼家书》呢?""当然啦,它最短嘛。"

尽管如此,除去这些情况之后,真正的读者还是为数不少,所以他们心里的疑问仍然值得一答。

最常提的一个问题是我是否真的"相信存在着一个魔鬼"。

如果你所说的"一个魔鬼"指的是一股与上帝抗衡、像上帝一样自有永有的势力,那么回答当然是"不"。除了上帝之外,所有一切都是受造之物。没有什么能与上帝抗衡。不可能有一种"绝对的恶"来与上帝那完全的善对峙,因为你要是把所有好的东西(才智、意志、记忆、力量和存在本身)都除去,魔鬼也就无处可附了。

所以正确的问题是我是否相信有邪灵存在。我的确相信。也就是说,我相信有天使,而且相信其中一部分天使滥用了自己的自由意志,成了上帝的敌人,也不可避免地成了我们的敌人。只有它们才能被叫做魔鬼,它们在性质上与正义的天使们并无差别,但其本性是堕落的。魔鬼的对立面是天使,正如坏人的反面是好人一样。撒旦是魔鬼们的头领或独裁者,他是在和天使长米迦勒①对峙,而不是上帝的对立面。我认为这只是我的一种看法,而不是我信仰的

① 圣经中提到天使长米迦勒的经文如下:《但以理书》10:13,12:1,《犹大书》9,《启示录》12:7。——译注

178

一部分。即便这种观点错了,我的信仰也不会有丝毫动摇。如果这种观点没有显明为错误(反面证据可不容易找到),我将一直抱持这种观点。我觉得这种观点可以解释很多现实情况。它既符合圣经经文的明确含义和基督教界的传统,也和大多数时代中大多数人的信仰一致。还有,它与所有学科中显明为真理之观点也不冲突。

相信有天使存在,不管所信天使是正是邪,并不意味着相信它们在艺术和文学中的表现形式。魔鬼们被描绘成长着蝙蝠翼膜,而正义天使则被插上了鸟儿翅膀。这不是因为所有人都认为道德败坏会使鸟羽变成蝙翼,而是因为大多数人喜雀鸟而恶蝙蝠。之所以给它们安上翅膀,是为了表明超凡才智的自由与迅捷。之所以赋予它们人形,是因为人类是据我们所知唯一有理性的受造物。若要表现禀赋比我们更高的存在,无论它们是无形无影还是具有我们尚未知晓的形体,必须要用象征的形式,否则根本无从表现。

这些形象不仅具有象征性,而且过去那些慎思明辨之士也都清楚其象征性。希腊人并不相信众神真会长得像他们那些雕刻家们刻出来的美丽人像。在他们的诗歌中,一个想要向凡人"现身"的神会暂时化身为人的样子。基督教神学几乎一直都是以同样的方式来说明一位天使的"显现"。生活在公元 5 世纪的狄奥尼修斯①说,只有无知的人才会痴想灵真的就是那些带翅膀的人。

在造型艺术中,这些象征符号一代不如一代。安吉利科修士②刻画的天使,脸庞和姿态都带着天堂的平安和庄严。接下来是拉斐尔③那些胖嘟嘟的赤膊孩童形象;最后就是 19 世纪艺术中那种温柔、苗条、少女一般抚慰人心的天使。这些形体过于女性化,以致于只有让它们呆板起来(茶桌天堂画里那些神情呆滞的婢女),才能避免让人对其想入非非。这些象征真是糟透了。在圣经经文中,天使降临总是令人畏惧的,所以它不得不以"不要惧怕"作为开场白。而维多利亚时代的天使看上去就像是在说"嗳呀,好了。"

---

① 狄奥尼修斯(Dionysius,生卒日期不详),与同时代的波伊丢斯(Boethius,480－525)并称为古典西方基督教的奠基人物,著作已有中文译本,译名为《神秘神学》。——译注
② 安吉利科修士(Fra Angelico,1400－1455),原名圭多・迪彼得罗(Guido di Pietro),20 岁入修道院,取名乔凡尼・达菲亚索莱(Giovanni da Fiesole)修士。由于一位作家看了他的画以后写道"他是一位天使般的画家","天使般的"这个形容词音译为"安吉利科",人们从此称他为安吉利科,而他的原名却鲜为人知晓。安吉利科虽然隶属于文艺复兴时代,却是这时代的反叛者,他的画风倾向中世纪画风。——译注
③ 拉斐尔(Raphael,1483－1520),意大利画家、建筑师。与达・芬奇和米开朗基罗合称"文艺复兴三杰"。——译注

文学上的形象更为危险，因为不容易辨认出它们其实只是象征。但丁①笔下的天使形象最为出色。在他的天使面前，我们感到敬畏。鲁斯金②评论说，他的魔鬼们在狂暴、恶毒、猥亵方面，比所有弥尔顿所塑的形象都更加接近于魔鬼的真实面目，这评论真是恰如其分。弥尔顿的魔鬼们高贵而富有诗意，真是害人不浅，而他的天使形象则过度抄袭荷马③与拉斐尔。不过，真正要命的形象是歌德④笔下的靡菲斯特⑤。彻头彻尾、无休无止、不苟言笑地以自我为中心是地狱的标志，而真正表现出这种品性的是浮士德，不是靡菲斯特。那位幽默、文明、通情达理且随机应变的靡菲斯特加强了邪恶给人以自由这一错觉。

---

① 但丁（Dante Alighieri，1265－1321），主要著作有长诗《神曲》。——译注

② 鲁斯金（Ruskin John，1819－1900），维多利亚女王时代英国最伟大的评论家。——译注

③ 荷马（约公元前9世纪—公元前8世纪），相传为古希腊的游吟诗人，生于小亚细亚，失明，创作了史诗《伊利亚特》和《奥德赛》，两者统称《荷马史诗》。——译注

④ 歌德（Johann Wolfgang von Goethe，1749－1832），大诗人、剧作家和思想家，代表作为长篇诗剧《浮士德》。——译注

⑤ 靡菲斯特（Mephistopheles），是歌德诗剧《浮士德》中的魔鬼，与浮士德订立契约，答应做浮士德的仆人，带他重新开始人生历程，但条件是一旦他感到满足，灵魂便归己所有。此后魔鬼施展了百般诱惑，牵制浮士德的万般欲望，共同经历了爱情生活、政治生活、追求古典美和建功立业几个阶段。——译注

智者千虑,必有一失,有时愚人亦可避免智者的某种失误,因此我下定决心,至少我自己对象征手法的运用方面不犯歌德那种错误。因为幽默意味着有分寸感,且具备一种以外部眼光来看自己的能力,我们无论如何不能把这种特点加给那些由于骄傲而堕落罪中的灵。切斯特顿①说过,撒旦是由于地心引力而坠落。我们得把地狱想象成一个国家,在那里,每个人永无止尽地关注自己的尊严,希望自己得到提升,而且每个人都妒火中烧、自高自大、怨恨满腔。这是首要的。其次,我想自己是根据性格和年龄来选择象征形象的。

我认为蝙蝠要比官僚可爱得多。我生活在一个管理者时代,在一个"行政管理"的世界中。如今,最大的罪恶不是在狄更斯所津津乐道的那种肮脏邋遢的"贼窟"里操作,甚至也不是在集中营和劳改营中发生。在这些地方,我们看到的是罪的最终结果。极为恶劣的罪行倒反是在那些干净、明亮、温暖、铺着地毯的办公室里,由衣冠楚楚的斯文人构思策划、安排部署(提请批准、得到赞同、审批通过、记录在案),他们指甲修剪得干干净净,脸颊剃得光光滑滑,从来用不着拉大嗓门说话。因此,我也就很自然地用极权国家

---

① 切斯特顿(G. K. Chesterton, 1874－1936),英国哲学家和作家。——译注

的权力机构或是那些运作龌龊事务的办公室来象征地狱。

弥尔顿告诉我们，"魔鬼和魔鬼之间的协同关系可真是牢固得要命"。但怎么联合起来呢？当然不是靠友情。一种仍然能爱的存在（Being）还不能归在魔鬼之列，这里，我认为自己的象征形象又有用武之地了。它能使我通过人间类似的组织机构，去刻画一个完全由恐惧和贪婪整合的官僚组织。它们平时表面上举止温文尔雅，因为魔鬼如果对上级无礼，那无异于自寻短见，而对同僚粗暴，则会让它们戒心大起，不会落入它设下的圈套。"尔虞我诈"是整个组织的准则。每个魔鬼都希望所有其他魔鬼都身败名裂、受贬降级、遭受灭顶之灾。每个魔鬼都是告密状、假意勾结以及背后捅刀子的专家。它们那些彬彬有礼、庄重严肃的表情以及对彼此重大贡献所说的溢美之辞都只是一层薄薄的外壳而已。这层薄壳也常会被戳穿，于是满腔嫌憎便如滚烫的火山岩浆般喷涌而出。

有一种观点很荒诞，认为魔鬼们在大公无私地追求一种叫做万恶之恶（着重号必不可少）的东西。我的魔鬼们可用不着多此一举地拿芜菁灯①唬人。堕落天使极为实际，

---

① 芜菁是萝卜的一种，芜菁灯就是把里面掏空的芜菁镂出鬼脸，将点燃的蜡烛放在里面，晚上用扮鬼来吓人，类似万圣节的南瓜灯。——译注

就像坏人一样。它们动力有二。一种动力是对惩罚的惧怕：极权国家会有执行酷刑的地方，因此，我这地狱里还有一个至深之狱，即地狱中的"劳改所"。另一种动力是饥饿感。我设想，在某种属灵意义上，魔鬼们能相互吞噬，也能吞噬我们。就算是在人类生活中，那些狂热地要统治乃至吞食自己同类的人我们也不是没有见过，他们热衷于将别人全部才智和所有感情生活都化为自我的延伸——要别人恨自己所恨、要别人为自己的委屈愤愤不平，不仅自己沉溺于以自我为中心，还要别人围着自己打转。而别人自己那点儿爱好当然必须要全部牺牲，这样才能腾出地方来放我们所热衷的事。如果连这一点也不肯牺牲，那这些人就太自私了。

在人世间，这种欲望常常被称为"爱"。我构想，在地狱中，它们将之视为饥饿。不过，在那儿，这种饥饿更加贪婪，而且可以得到更大程度的满足。我认为在地狱中一个较为强大的邪灵（也许没有肉身来阻碍它完成这件事）可以将另一个较弱之灵吞噬到自己里面，真实而没有一点回转余地，而且它会永久地用较弱之灵那种愤怒的个性去填充自己的欲壑。正是由于这个原因（我设想），魔鬼们想要得到人类的灵魂和彼此的灵魂，也正是出于这个原因，撒旦想要吞吃它所有的跟随者，吞吃夏娃所有后代以及天堂所有军队。

他的梦想是,有一天,所有一切都被他吞下,所有一切只能通过他来说"我"。我猜想,这是在丑恶拙劣地模仿上帝那奥妙无穷的仁爱,上帝用爱把工具变成仆人,再把仆人变为儿女,他给人自由,这样,人就能作为一个完全独立的个体去爱他,在完全的自由中与他最终再度联合。

但是正如在《格林童话》①里所说的那样,"我只是梦见这些"②,这纯属虚构,只是象征形象而已。所以我自己对魔鬼的看法对一位《魔鬼家书》的读者其实无足轻重,虽然有人问起时,这些疑问理当得到解答。那些和我看法相同的人会把我笔下的魔鬼看成是对确凿真实的一种象征,而那些抱有不同看法的人则会将之视为抽象概念的拟人化表现,从而把本书当作一本寓言故事。至于你用哪种方式去读,其实差别不大。因为本书写出来当然不是为了臆测一种邪恶至极的生活,而是要从一个新的角度来让人进一步了解自身生活的真相。

有人告诉我,在这方面我并非首创,早在 17 世纪就有

---

① 《强盗新娘》。——作者注

② 该句取自《格林童话》之《强盗新娘》。故事中那位准新娘发现自己的未婚夫其实为强盗,结婚只是为了谋财害命。姑娘巧妙地在婚礼上以说梦的方式间接地将自己发现丈夫为盗贼的真实经历公之于众,最后强盗被抓。姑娘向大家说完自己做过的梦后,对强盗说"亲爱的,我只是梦见这些"。——译注

人以魔鬼的口吻写信了。我没有看见过那本书。我认为对此加以歪曲主要是为了争强好胜而已。不过，我倒是很乐意承认自己从斯蒂芬·麦克拿①所著的《一个好心女人的忏悔》②中受益良多。联系可能不那么明显，不过你会发现两本书在道德上颠倒是非这一点上（黑的全变成白的，白的全变成黑的）有异曲同工之妙。还有，两本书都通过一个完全一本正经的文学人物的讲话创造出滑稽诙谐的效果。

我认为自己关于灵之间相互吞噬的想法也多多少少受了大卫·林赛③的那本小说《大角星之旅》④中"吸食"这恐怖一幕的影响。

我那些魔鬼们的名字挑起了人们的好奇心，于是有了诸般猜测，所有这些猜测都错了。

我其实只是让它们通过名字的发音来讨人嫌（这里我也许还是受益于大卫·林赛）。名字一旦发明出来了，我也会和所有人一样（不会比其他任何人更权威）来揣摩那些引人厌恶的发音联想。我想，蚀骨、嗜骷、自私、冷酷和鬼魔在

① 斯蒂芬·麦克拿（Stephen Mckenna，1888－1967），英国小说家。——译注
② 即 *Confession of a Well-Meaning Woman*。——译注
③ 大卫·林赛（David Lindsay，1876－1945），苏格兰科幻小说家。——译注
④ 即 *Voyage to Arcturus*。——译注

我的那位主角名字中都会起些作用,而噬、鬼⋯⋯综合起来就成了噬拿鬼。

有些人认为我的这本《魔鬼家书》是在伦理神学和虔修神学中浸润多年的成果,这种称赞我可担当不起。他们忘记了还有一种尽管没有那么体面,却同样可靠的方法来了解诱惑是如何运作的。"我的心灵"(我不需要其他人的心思)"向我显明恶人的罪过。"[1]

常有人提议或邀请我写《魔鬼家书》的续篇。这么多年过去了,我可一点儿也不想做这件事。虽然在我所写的文字中,这书来得最容易,它却是我写得最难过的一本书。之所以容易,无非是因为只要有了写魔鬼书信的想法,这想法就会自然而然地开花结果。只要你起了个头,就是写上1000页也没问题。尽管把一个人的思想扭曲到邪恶思维上是一件非常容易的事情,却一点儿也不好玩,也不是一件适合长期去做的事情。当我透过私酷鬼说话的时候,得要把自己投射到一个尘砾遍地、渴欲滔天的世界中去。所有美丽、清新和友善的痕迹全都要被抹掉。这几乎在成书之前就让我窒息了。如果我再写下去,连我的读者也会被压

---

[1] 该句出自圣经《诗篇》36:1,此处为直译。作者所引用的经文为 "My heart sheweth me the wickedness of the ungodly"。——译注

187

得透不过气来的。

　　而且,我对自己这本书有些耿耿于怀,因为它不是那种其他人无论如何都写不出来的书。理想状态下,应该有天使长给那位病人的守护天使的忠告来平衡一下私酷鬼给瘟木鬼所提的建议。若非如此,关于人类生活的图卷是不对称的。但谁能填补这一空白呢?哪怕有人能够攀登得上所需要达到的属灵高度(他得要比我好上百倍才行),他会用怎样一种"相称的体裁"呢?因为体裁也是内容的一部分。单单说教是行不通的;字里行间也须得要散发出天堂的气息才好。而如今,哪怕你能把散文写得和特拉赫恩①一样优美,也会有人不准你写,因为"功能至上主义"的原则已经把文学的一半功能都废掉了(实际上,每种文体的终极目标不仅决定了我们所说内容如何表达出来,也决定了我们要说的内容)。

　　之后,时光渐渐将写《魔鬼家书》的窒息体验冲淡,关于各样事情的想法不知为何似乎有了用私酷鬼一族加以处理的需要,这些想法开始浮现在我脑海中。我已痛下决心不再写魔鬼书信,而一篇像是演讲或"致辞"的文章开始在我

---

①　特拉赫恩(Thomas Traherne,1636 或 1637 出生－卒于 1674 年),
　　英国诗人。——译注

脑子里冒了出来,一会儿被淡忘,一会儿又想了起来,可总是没有成文。然后星期六晚邮报①的邀请不期而至,于是这篇文章就应运而生了。


C.S.路易斯

于剑桥抹大拉学院②

1960 年 5 月 18 日

---

① 即 Saturday Evening Post。——译注
② 即 Magdalene College。——译注

# 译　后　记

很多年前，好友 *Luke Prosper* 从美国给我带了一份特别的礼物。至今，我还清楚地记得当时他从盒子里拿出 6 本书，一字排开摆在我面前时的样子。"*C.S.* 路易斯是我最喜欢的作家，这套书我看了很多遍，相信你一定会喜欢的。"他说完以后，又半开玩笑地加上一句："也许你可以把这些书都翻译出来。"我顺着他的口风问："如果只能翻译一本书，要选哪一本呢?"他想也没想就说："当然是《魔鬼家书》了。"我煞有介事地点了点头，两个人同时大笑起来。*Luke* 和我没想到当年的一句戏言居然会成真，而《魔鬼家书》备受推崇的程度也可略见一斑。

事实上，《魔鬼家书》引起的轰动之大，连路易斯本人也始料未及。魔鬼书信首次以连载形式在英国圣公会周报《守望者报》上发表，始刊于1941年5月2日，至同年11月28日刊毕。由于反响巨大，这些书信在1942年集结成书正式出版，当年就加印了8次。1943年，《魔鬼家书》在美国发行，获得如潮好评。1947年9月，美国时代周刊采用C.S.路易斯的肖像和手持刀叉的魔鬼画像作为封面，C.S.路易斯很快成了一位家喻户晓的牛津学者。《魔鬼家书》后被译为十几国文字，几十年来持续畅销，是举世公认的经典之作。

《魔鬼家书》由私酷鬼写给侄儿瘟木鬼的31封书信组成，各篇相对独立，却有其紧密的内在联系。信中的瘟木鬼是一个刚刚毕业的初级魔鬼，接到了诱惑一个人偏离正道的任务。私酷鬼作为瘟木鬼的叔叔兼上司，运用自己多年的惑人经验，通过书信，根据"病人"当前的心灵状态，指导瘟木鬼用更为精妙和不易察觉的方式来掳掠"病人"，从而让他成为自己的囊中之物。瘟木鬼诱惑人的过程生动地体现了"病人"的种种缺陷，他自欺、软弱、小肚鸡肠同时又野心勃勃……在传授诱惑的手段时，私酷鬼对人性进行了深度的挖掘，可谓极尽嘲笑之能事，人类的斑斑污点尽都成了他的靶子。不过，戏剧性的结局是，瘟木鬼负责的这位"病人"在经历了精神上的种种折磨和冲击后，虽然虚度了时日，后来却终于改过自新，敢于面对自己，还爱上了一个私酷鬼极为痛恨的女孩。最后,他在大轰炸中丧生,找到永久的归依。根据地狱规则,失败的瘟木鬼将受到极为残酷的惩罚,会被私酷鬼吞噬。作者透过私酷鬼所写的书信,从一个独特的视角揭示了魔鬼惑人的种种花招,使人在大笑之余亦会掩卷深思,很多私酷鬼的言论至今仍在英语世界被频繁引用。

虽然《魔鬼家书》大受欢迎,路易斯却丝毫没有写续篇的打算。1960年,他在《魔鬼家书》再版的后记中清楚地写到,这些魔鬼形象是"对确凿真实的一种象征"。他解释,尽管这样的书并不难写,但需要把自己的思维扭曲到极端邪恶的状态,在成书之前就几乎使他窒息。因此,虽然常常受邀续写,路易斯却迟迟不肯动笔。本书末收录的《私酷鬼致祝酒辞》一文算是路易斯对《魔鬼家书》最后的回应。

本书翻译的一个意外困难是摹拟魔鬼扭曲的语言。因为我发现,翻译时要时刻提醒自己克服惯常思维的干扰,在中文选词上逆转褒贬。若不这样做,就无法把魔鬼的口气译出,所以,翻译这31封魔鬼书信也绝不是一种很享受的体验。在翻译中遇到的另一个难处是要为魔鬼安上中文名。路易斯在答读者问时曾提及各个魔鬼名字的来由。他说,这些名字没有特定的含义,纯粹因为发音讨人嫌,引人联想到邪恶才会采用。所以,我在为魔鬼选取中文名时,在音译的同时尽量符合这一标准。例如 *Screwtape* 这个名字,曾被译为"赛诸葛"、"大榔头"、"石酷歹",现译为"私酷鬼"。虽然中文里没有"私酷"这个词,却会让人联想到"自私冷酷"。其余魔鬼名称也遵循同样原则。

在翻译《魔鬼家书》时困难重重,而今能顺利出稿成书,我心中充满了感激之情。接下这本书的翻译任务时,刚好在婚礼举行前不久,各样大小事务繁忙,谢谢编辑的支持,将交稿时间延长了 4 个月,让我能有充裕的时间来专心翻译这本书。在译书期间,恰逢新婚,非常谢谢先生叶甸园和家人的理解,对我在这段时间懈怠妻职予以包容。汪咏梅女士对路易斯有很深研究,在这里我要特别感谢她无私的分享。我还要谢谢欧阳盛莲女士、*Vincent Wu*、成功先生对部分译稿所提出的宝贵意见。最后,要谢谢盛老师、张泰然先生、*Bobbie Russell*、温宏中和傅伊雯伉俪在译书过程中的支持和鼓励。愿这本书成为一面镜子,帮助读者在生活中更好地识破魔鬼各样诱惑伎俩,在真道上立定得稳。

本书末收录的《私酷鬼致祝酒辞》一文由李安琴女士翻译。

况志琼

2009 年 12 月于上海葡园

*interpretjoy@gmail.com*

## 图书在版编目(CIP)数据

魔鬼家书／(英)路易斯(Lewis, C.S.)著;况志琼,李安琴译. --修订本. --上海:华东师范大学出版社,2013.8
　ISBN 978-7-5675-1149-1

Ⅰ.①魔⋯　Ⅱ.①路⋯ ②况⋯③李⋯　Ⅲ.①人生哲学－通俗读物
Ⅳ.①B821-49

　中国版本图书馆 CIP 数据核字(2013)第 199267 号

VI HORAE

华东师范大学出版社六点分社

企划人　倪为国

**本书著作权、版式和装帧设计受世界版权公约和中华人民共和国著作权法保护**

路易斯著作系列

# 魔鬼家书

| | | |
|---|---|---|
| 著　　者 | (英)C.S.路易斯 | |
| 译　　者 | 况志琼　李安琴 | |
| 责任编辑 | 倪为国　何花 | |
| 封面设计 | 姚　荣 | |
| 出版发行 | 华东师范大学出版社 | |
| 社　　址 | 上海市中山北路 3663 号　邮编　200062 | |
| 网　　址 | www.ecnupress.com.cn | |
| 电　　话 | 021－60821666 | 行政传真　021－62572105 |
| 客服电话 | 021－62865537 | |
| 门市(邮购)电话 | 021－62869887 | |
| 地　　址 | 上海市中山北路 3663 号华东师范大学校内先锋路口 | |
| 网　　店 | http://hdsdcbs.tmall.com | |
| 印　刷　者 | 上海盛隆印务有限公司 | |
| 开　　本 | 787×1092　1/32 | |
| 插　　页 | 4 | |
| 印　　张 | 6.25 | |
| 字　　数 | 90 千字 | |
| 版　　次 | 2013 年 12 月第 2 版 | |
| 印　　次 | 2023 年 7 月第 13 次 | |
| 书　　号 | ISBN 978-7-5675-1149-1/B・800 | |
| 定　　价 | 36.00 元 | |
| 出 版 人 | 王　焰 | |

(如发现本版图书有印订质量问题,请寄回本社客服中心调换或者电话 021-62865537 联系)